|제2판|

"R" 하기 좋은 날

문재영 · 심흥섭 · 김창현

도서출판
청람

| 머리말 |

R 프로그래밍 언어(R Programming Language)는 수치 분석과 기계학습 분야 개발에 중요한 도구이다. 그러나 R 언어는 개발자가 알아야 할 장점과 단점이 존재한다. 1990년대에 처음 등장한 R에 대한 관심은 계속 증가하고 있는데, S 통계 프로그래밍 언어의 구현 중 하나로 사용됐다. 오랫동안 R로 프로그래밍을 해왔고 대학과 코세라(Coursera) 온라인 플랫폼에서 R을 가르치기도 하는 베테랑 프로그래머 로저 펭은 "R은 통계 분야에서 가장 인기 있는 언어"라고 말하기도 했다.

펭은 "R의 좋은 점은 컴퓨터 과학 수준에서 프로그램하기가 무척 쉽다는 것"이라며 "속도가 그동안 개선되었으며 다양한 데이터 집합, 도구, 소프트웨어 패키지를 포괄하는 일종의 접착 언어 역할을 한다"고 말했다. 또한, "통계학자를 위해 내장된 기능이 아주 많다"면서, "R은 확장 가능하고 개발자에게 데이터 분석을 위한 자체 도구와 방법을 만들 수 있는 풍부한 기능을 제공한다. 시간이 지나면서 생명과학이나 인문학 등 다른 분야에서 R 언어로 유입된 사람도 많아졌다"고 말했다. 그리고, 허락을 구할 필요 없이 원하는 대로 확장할 수 있다는 점도 강조했다. 실제로 펭은 몇 년 전 R의 사용 조건이 큰 도움이 됐다고 회상하며 "처음 R이 나왔을 때 가장 큰 장점은 자유 소프트웨어라는 점이었다. 소스 코드를 비롯한 모든 요소를 볼 수 있었다"고 말했다.

온라인 프로그래밍 교육 업체 코드 스쿨(Code School)의 데이터 과학자

맷 애덤스는 "R은 재현 가능한 고품질 분석을 생성하기 위한 최선의 수단이다. 데이터를 다룰 때 필요한 모든 유연성과 기능을 갖추고 있다. R로 만든 대부분의 프로그램은 사실상 프로젝트로 구성된 스크립트 모음일 뿐"이라고 말했다. 그는 "패키지 생태계의 광활함은 단연 R의 가장 큰 장점 중 하나다. 어떤 통계 기법을 사용하든 그에 맞는 R 패키지가 이미 나와 있다고 보면 된다"고 말하면서 패키지 생태계도 R의 장점을 이야기하였다.

R에는 장점이 많지만 단점도 있다. 애덤스는 "현재 R의 가장 큰 숙제는 메모리 관리, 속도, 효율성"이라며 "각 분야에서 많은 발전이 이루어졌고 지금도 진행 중이다. 또한 다른 언어를 사용하다 R을 접한 사람들은 R이 까다롭다고 느낄 수 있다"고 말했다. 또한, "최초 설계된 시점을 감안하면 R은 오래된 언어"라고 말했다. R 언어는 그 설계 특성상 매우 큰 데이터 집합을 사용한 작업을 수행할 때 문제가 발생할 수 있다. 데이터를 물리적 메모리에 저장해야 하기 때문이다. 다만 펭은 컴퓨터에 장착되는 메모리 용량이 증가함에 따라 이 문제도 과거만큼 심각하진 않다고 덧붙였다. 그리고, 보안과 같은 기능이 내장되어 있지 않다는 점, 웹 브라우저에 내장할 수 없으므로 웹 또는 인터넷 앱에는 사용할 수 없다는 점, 오랫동안 양방향 참가 활동이 많지 않다는 점 등의 다양한 단점을 지적하였다.

"R은 고급 프로그래머 전용이 아니다"

애덤스와 펭, 두 사람 모두 R을 접근하기 쉬운 언어로 평가한다. 애덤스는 "나는 컴퓨터 과학을 전공하지 않았고 프로그래머가 될 생각도 없었다. 프로그래밍 기초에 대한 지식이 있으면 R을 처음 이용하는데 도움이 되겠지만 필수 요건은 아니다"라고 말했다. 애덤스는 "더 극단적으로 말하면 R이 프로그래머용이라는 말도 정확하지 않다. R은 프로그래밍에 대한 적성에 관계없이 데이터 지향적인 문제를 해결하려는 사람에게 적합한 언어"라고 말했다

필자는 처음 R 언어를 배우는 분들을 염두에 두고 이 책을 서술하였다. 저술하면서 내용을 가급적 간략히 언급하였고, 어려운 용어는 알기 쉽게 풀어 쓰려고 노력하였다. 또한, 많은 예제를 구성해 놓아 따라 하다 보면 자연스럽게 R을 사용할 능력을 습득할 수 있으리라 생각된다. 이 책으로 인해 R 언어를 배우고자 하는 분들에게 좋은 디딤돌이 될 수 있었으면 한다.

| 차례 |

Part 1 R 작업 환경과 기초 문법

Part 2 R 기초 사용법

Part 3 R 데이터의 형태

Part 4 외부 데이터 읽어오기

Part 7 양적(수치형) 데이터의 분석 – 통계의 시작

PART 1

R 작업 환경과 기초 문법

1. R 프로그램의 소개
2. R 프로그램 설치하기
3. RStudio 프로그램 설치하기

학습 목표

- R 프로그램의 역사, 특징에 대해서 알 수 있습니다.
- 시스템 환경에 맞추어 R 프로그램을 설치할 수 있습니다.
- R 통합개발 도구 RStudio 프로그램을 설치할 수 있습니다.

학습 가이드 및 주요 함수

- R 프로그램의 소개 및 특성을 이해/활용하고, R 프로그램을 "CRAN"으로부터 다운/설치하고, 제공하는 R의 환경을 설정하는 방법을 학습해봅니다.
- R 통합개발 도구 RStudio 프로그램 설치 후 학습해봅니다.

1 R 프로그램의 소개

R 프로그램 언어는 가장 장대하고 사람의 발길조차 드문 빙하를 몸소 체험할 수 있는 뉴질랜드의 오클랜드 대학교(국립 종합 대학교, 학생 수가 4만명에 육박하는 뉴질랜드 최대 규모의 대학교)의 통계학 교수/학자인 로스 이하카(Ross Ihaka)와 로버트 젠틀맨(Robert Gentleman)에 의해 1993년 개발되었어요.

사실 R은 AT&T의 S(1976년 개발된 통계언어)의 플랫폼을 활용한 것으로 1988년도의 S+의 무료 버전에다가 GUI 환경을 추가 및 개선하여 1993년 GUN 프로젝트로 개발되고 배포되었어요.

R의 몇 가지의 특징을 살펴보면,

> **"통계분석 + 자료의 시각화 + 데이터 마이닝 + 빅데이터 + 인공지능 = R 활용"**

R은 오픈소스로 연구/분석 목적 등의 개인과 기관에서도 무료로 사용 가능하며, 프로그램 설치에 필요한 메모리도 적고, 다양한 분야별 최신 패키지를 제공합니다.

운영체제(OS : Operating System) 면에서도 자유로운 활용을 고려한 시스템 중에 윈도우즈(Windows), 개발자들 사이에서 많이 쓰는 리눅스(Linux), 20~30대의 엔지니어들이 선호하는 맥(Mac)에 설치 가능합니다.

R을 설치 후 활용에 따르는 지원형태의 다양한 GUI가 편성되었고, 메뉴방식, 그리고 직접 명령어를 사용하여 입력하는 방식으로 구분할 수 있는데, 프로그램 활용 능력을 고려해보면 직접 명령어를 사용하며, R 전용 통합개발도구로 개발된 RStudio를 함께 설치하여 활용하는 것을 권장합니다.

* 이 책의 대부분의 내용은 RStudio의 화면을 캡처하여 제공하였습니다.

2 R 프로그램 설치하기(Windows 10 기준)

어떤 프로그램을 설치하든지 간에 몇 가지를 고려하면 기본설치가 편해지는 경우가 있어요. 그럼 몇 가지만 살펴보고 설치해봅시다.

R 프로그램을 설치하기 전에 준비해야 할 사항을 체크합니다(RStudio 동일).

- 컴퓨터의 디바이스 이름은 한글로 하지 않고 영어로 설정되었는지, 특수문자나 공백을 사용하지 않습니다.

  ※ 윈도우 시작 버튼 옆의 검색창에 "내 PC" 입력 – 오른쪽 마우스 - 속성 – 디바이스 이름과 시스템의 종류 확인해주세요.

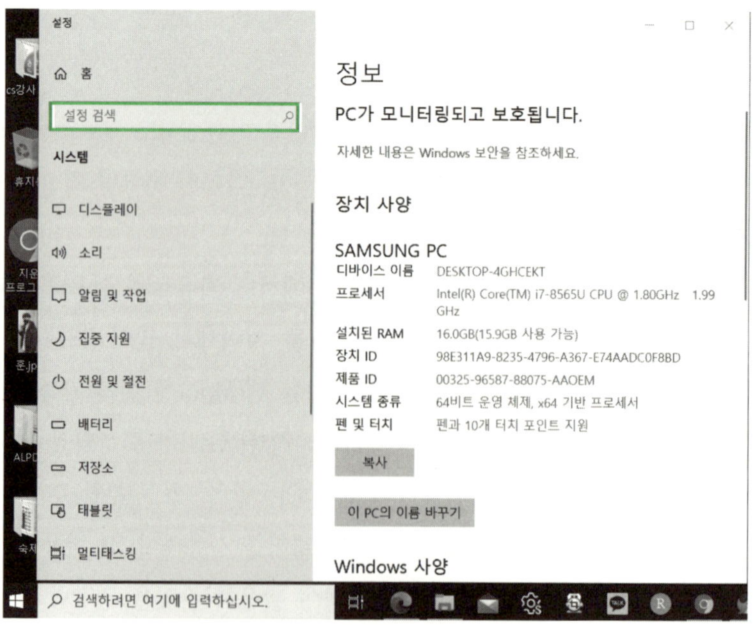

내 PC 설정 화면 확인하기

- 사용 PC의 이름도 되도록 한글로 하지 말고 영어로 해주시고, 특수문자 (#, %, &, *)나 공백을 이용하지 않도록 확인해주세요.

  ※ 종종 내 PC의 이름을 윈도우 실행시 "심흥섭 PC" 또는 "거실의 PC" 등으로 설정하셨으면, "이 PC의 이름 바꾸기" 버튼을 활용하여 영문으로 수정해주시기 바랍니다.
- 앞으로 사용할 폴더 이름도 한글로 하지 않고 영어로 사용할 것이며, 특수문자나 공백을 사용하지 않습니다.
- 단계별로 구글 크롬을 활용하여 R 프로그램 설치해보세요.

  R 프로그램은 "공식 사이트(www.r-project.org)"에서 무료로 다운로드할 수 있도록 소스를 제공해줍니다.

(1) 프로그램 설치하기

① 공식 사이트 www.r-project.org에 접속하기 (1단계)

크롬브라우저를 활용하여 홈페이지에 접속 후 왼쪽 메뉴의 "CRAN"을 선택합니다.

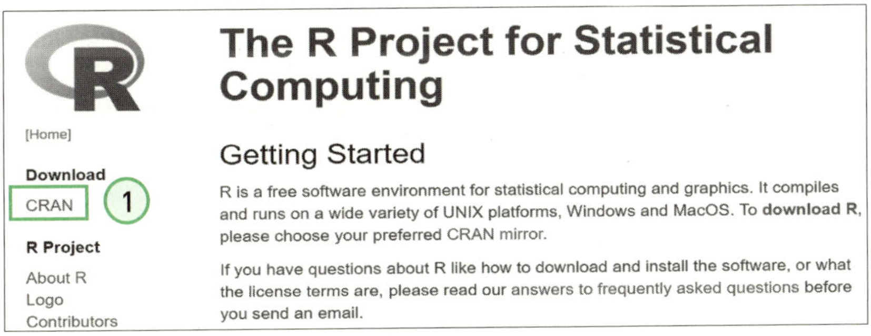

R 공식 사이트

② 프로그램 다운로드를 위한 CRAN Mirrors 사이트에서 서버 목록 선택하기 (2단계)

국가별 미러링 사이트에서 "korea" 항목을 찾아서 하나를 선택합니다 (여기서는 https://cran.biodisk.org/를 선택).

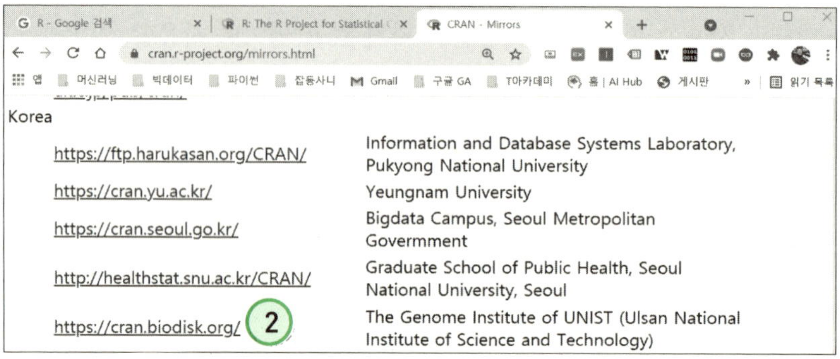

R 프로그램 설치_ CRAN Mirrors 사이트

③ 운영체제 선택 (3단계)

Windows 운영체제를 사용할 것이므로, "Download R for Windows"를 선택하여 클릭합니다.

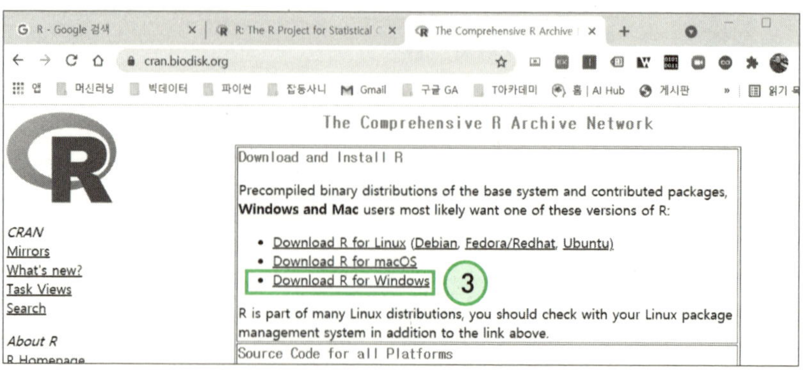

R 프로그램 설치_ 운영체제 선택

④ Subdirectories_ 카테고리 선택 (4단계)

R for Windows 화면에서 base를 선택합니다(4가지 구분은 용도에 따른 분류).

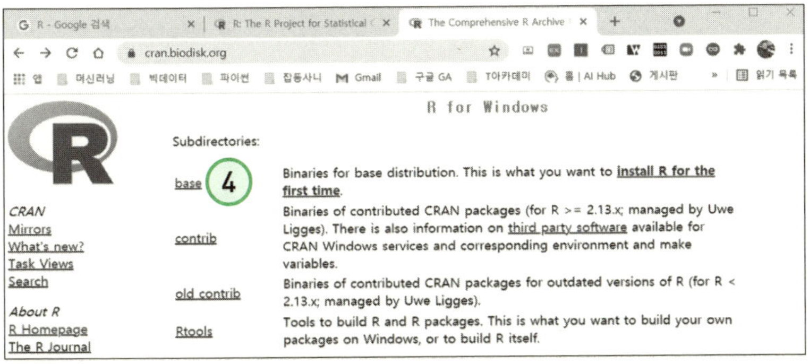

R 프로그램 설치_ 운영체제 선택

⑤ 2021년 6월 7일자 최신버전은 R 4.1.0 버전 설치 (5단계)

Download R 4.1.0 for Windows를 선택합니다.

표기되는 버전은 주기적으로 업데이트되기 때문에, 결과 화면의 버전이 다르게 표기될 수 있습니다.

따라서 주기적인 공식사이트를 방문하여 업데이트 정보를 확인 바랍니다.

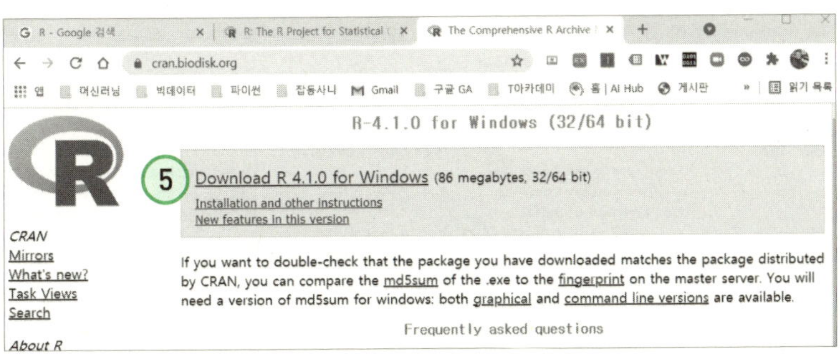

R 프로그램 설치_ 버전 선택

⑥ R 프로그램 다운로드 확인 (6단계)

그림의 "다운로드 실행 파일 확인" 왼쪽을 보면 R 프로그램이 설치 중임을 체크할 수 있습니다. 설치 종료 후 실행하면 됩니다.

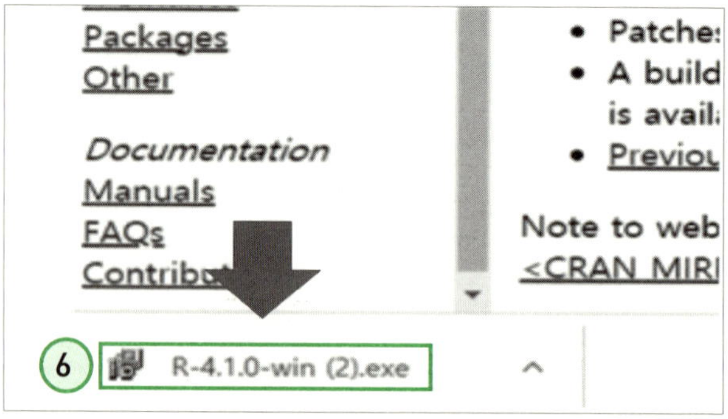

R 프로그램 설치_ 다운로드 실행 파일 확인

⑦ R 프로그램 언어선택 확인 (7단계)

설치하고자 원하는 언어 선택은 그림의 7번 버튼 선택 후 확인 버튼을 [한국어]로 선택합니다. 대한민국의 기준으로 언어, 숫자, 통화 단위, 날짜와 시간의 형식까지를 사용하겠다는 의미를 가지고 있습니다.

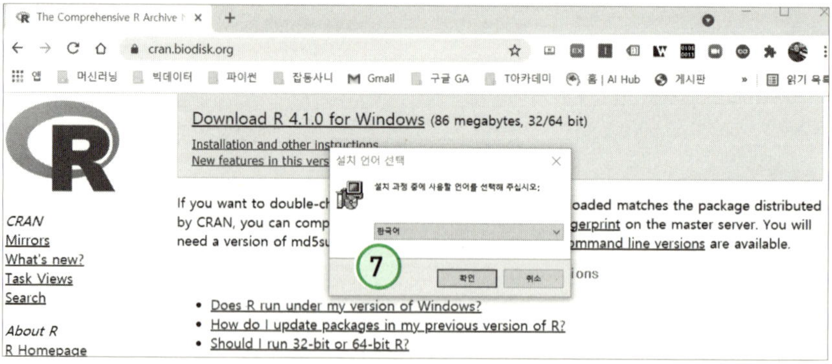

R 프로그램 설치_ 언어 선택

⑧ 라이센스 정보 확인 단계 (8단계)

R for Windows 4.1.0 화면에 있는 다음 버튼을 선택합니다. 참고로 GNU General Public License와 관련된 내용입니다.

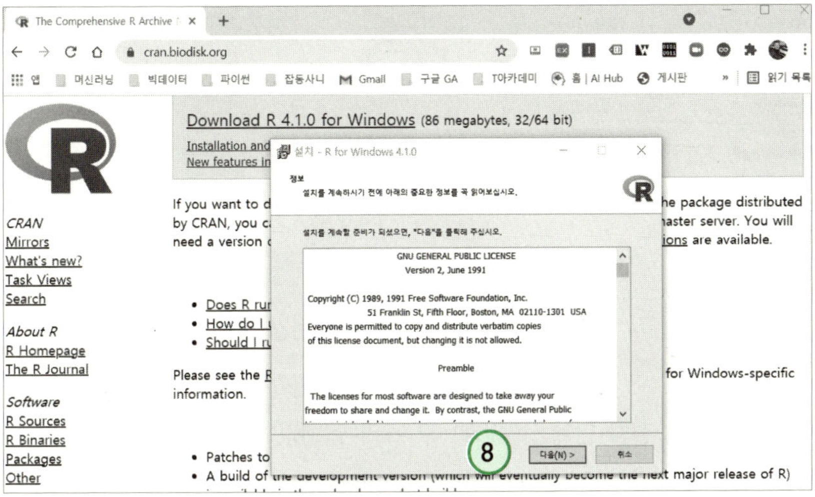

R 프로그램 설치_ 라이센스 확인

⑨ R 프로그램 설치 위치 확인 단계 (9단계)

R 프로그램 설치 위치를 변경하여 사용하길 바랍니다.

기존 : C:₩Program Files₩R₩R-4.1.0

변경 : C:₩R₩R-4.1.0

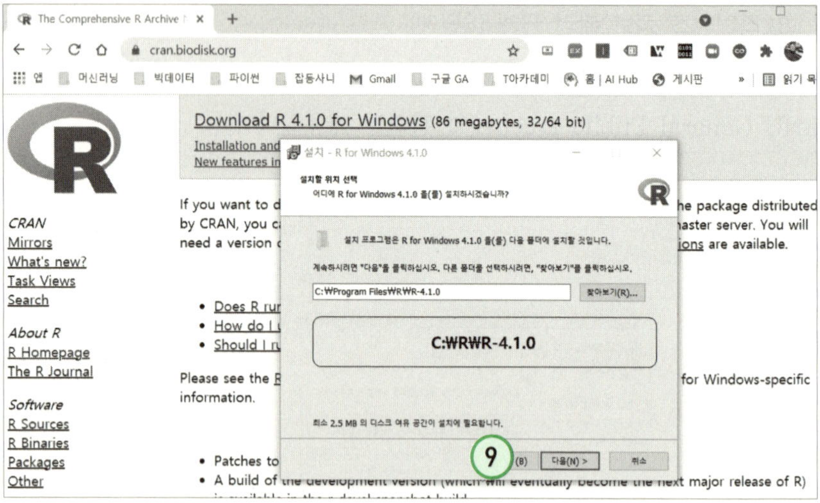

R 프로그램 설치_ 설치 위치 변경 선택

⑩ 구성요소 설치 단계 (10단계) 후 스타 옵션값 선택 완료

64bit 버전을 확인(내 PC 속성) 후 32bit를 제외한 나머지를 선택 완료합니다.

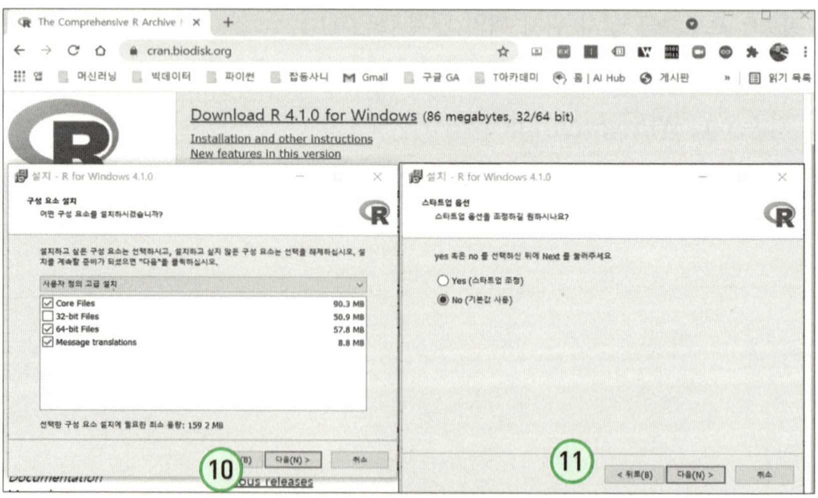

R 프로그램 설치_ 구성요소 스타트업 옵션 선택

⑪ 추가 사항 적용을 선택

기본값 선택 후 다음을 선택합니다.

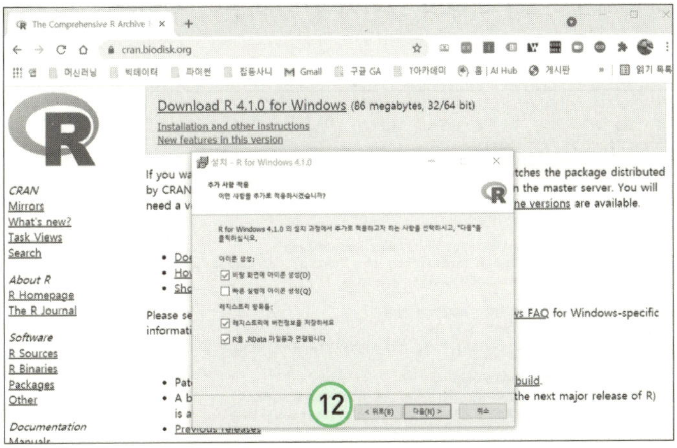

R 프로그램 설치_ 추가 사항 적용 옵션 선택

⑫ R 프로그램 설치 완료 선택

드디어, 짜잔~~ 실행할 R 프로그램의 설치 방법이 이제야 완료한 것을 체크 바랍니다, 바탕화면에 우선, "R 아이콘" 생성 여부로 확인 가능합니다.

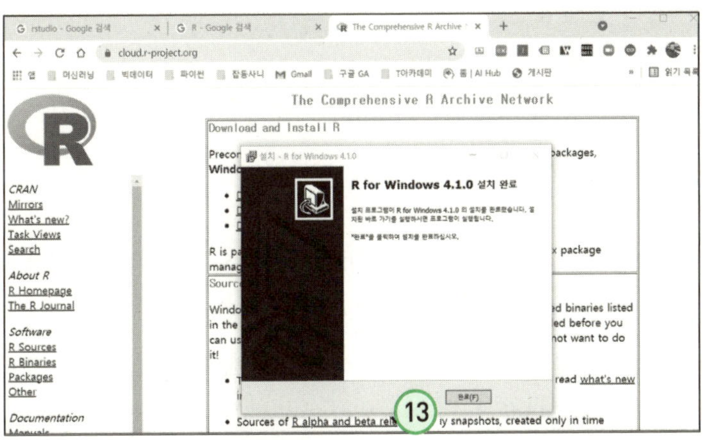

(2) R 프로그램 실행하기

바탕화면으로 가서 "64bit용 R*64 4.1.0" 버전의 단축아이콘을 더블클릭으로 실행하세요. 그럼 아래의 그림처럼 R 화면이 실행됩니다.

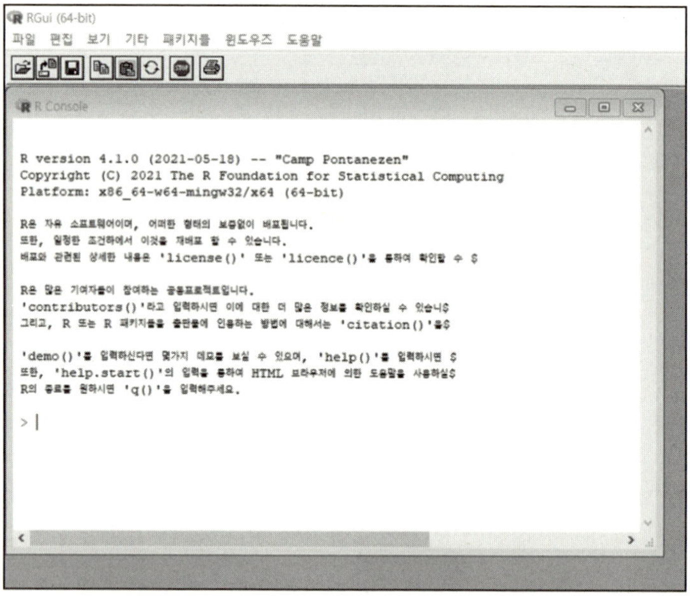

- 표시창 : 콘솔창
- " > " : 프롬프트 (빨간색)
- 명령어 코드 입력 후 "Ctrl + Enter"키를 누르면 R 콘솔에 코드가 실행되고 결과를 출력할 수 있습니다.

R 프로그램의 기본화면 구성을 살펴보면, 메뉴와 명령어가 실행되는 콘솔(console), 도구모음 등으로 이루어짐을 알 수 있습니다.

이를 기초로 콘솔에는 빨간색 부등식 표시가 보이는데, 이것을 프롬프트(prompt)라고 부릅니다.

R의 문법에 맞게 명령어/코드를 입력 후 엔터를 치면 해당 명령어가 실행

됩니다.

R 실행시에 간혹 오류 메시지가 출력되는네 이는 문법에 맞지 않는 명령어를 실행하게 되면 수행 결과에 에러가 출력이 되며, 경고 메시지가 나옵니다.

수치형 자료를 대상으로 연산 등의 결과는 콘솔 화면에 출력되며, 시각화 도구를 사용한 그래프를 작성 및 실행하면 별도의 화면이 실행되고, 도움말 실행으로 인터넷 브라우저를 통하여 출력된 화면으로 정확한 R의 사용 및 활용 방법에 관하여 자세한 설명을 볼 수 있습니다.

3 RStudio 프로그램 설치하기

설치 전 몇 가지 사항을 가이드…

RStudio 프로그램은 R을 사용하는 데에 통합개발 도구로 쓰입니다.

쉽게, R 설치 후 같이 붙여서 분석을 쉽게 도와주는 GUI 환경의 에디터 프로그램으로 생각하면 됩니다.

실제로, 모든 프로그램적인 코딩 작업과 시각화도 RStudio에서 한다고 생각하시면 됩니다. 사용자의 편리하고 유용한 환경을 제공하는데 그 목적이 있습니다.

그런데, R의 활용과 동일하게 오픈소스 무료 버전과 상용화 유료 버전 두 가지로 되어 있어요. 이 책에서는 교육목적상 무료인 오픈소스 버전으로 개인이나 회사/기관에서 사용할 수 있는 것을 설치하기로 약속합니다.

RStudio의 사용 방법은 명령어를 직접 입력하는 방식으로 작동됩니다.

자 그럼 설치하러 출발해봅시당~~GO GO GO

(1) RStudio 설치하기

R 설치와 동일하게 RStudio 프로그램을 설치하기 전에 주의해야 할 사항이 있습니다. RStudio 설치시 반드시 고려 부탁드리는 사항입니다.

만약, 내용을 확인하지 않으면 시각화 그래프를 작성하거나 메뉴별 새로운 기능을 다운로드하여 무료로 추가할 때 에러/오류를 종종 유발하는 경우가 생깁니다.

프로그램 공부를 시작한 지 오래되지 않았는데, 경고나 혹은 에러 메시지가 출력되면 당황되는 경구가 종종 생겨서 꼭 확인 부탁드립니다.

그럼 하나씩 가이드해 드립니다.

- 컴퓨터의 디바이스 이름은 한글로 하지 않고 영어로 설정되었는지, 특수문자나 공백을 사용하지 않습니다.

  ※ 윈도우 시작버튼 옆의 검색창에 "내 PC" 입력 – 오른쪽 마우스 – 속성 – 디바이스 이름과 시스템의 종류 확인해주세요.

- 사용할 파일의 저장하는 폴더 이름도 한글 말고 영어로 사용해주세요. 특수문자나 공백을 사용하지 말아 주세요.

  ※ 설치시 "C:₩Program Files₩RStudio" 표현된 부분을 반드시 "C:₩RStudio"로 수정되는 것을 확인 바랍니다.

① 크롬 브라우저를 사용해서 RStdio 공식사이트(www.rstudio.com)에 접속 [1단계]

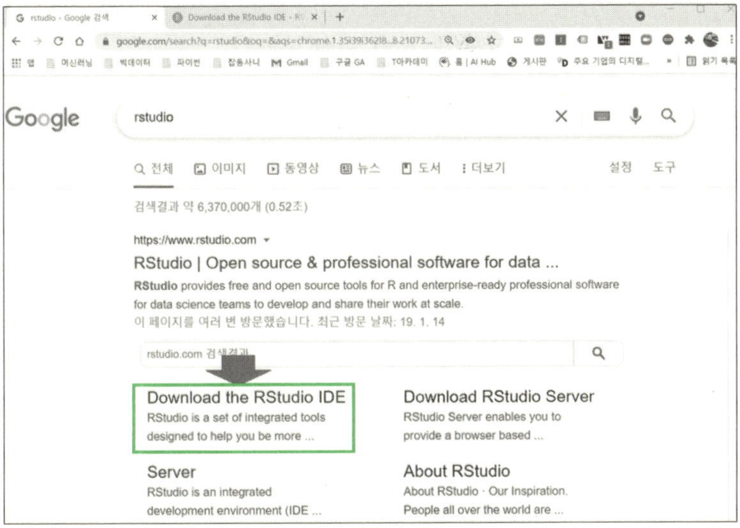

크롬 검색창에 "RStudio"라고 검색 후 "Download the RStudio IDE"를 선택합니다.

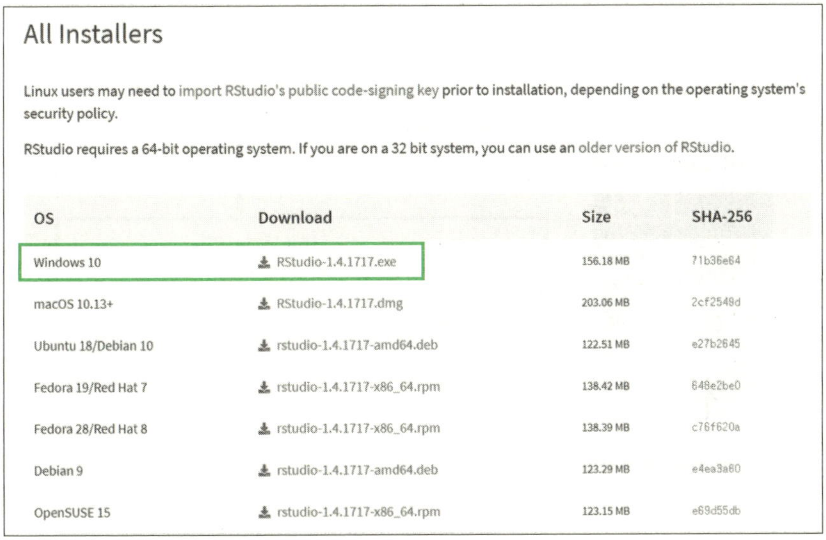

All Installers

Linux users may need to import RStudio's public code-signing key prior to installation, depending on the operating system's security policy.

RStudio requires a 64-bit operating system. If you are on a 32 bit system, you can use an older version of RStudio.

OS	Download	Size	SHA-256
Windows 10	RStudio-1.4.1717.exe	156.18 MB	71b36e64
macOS 10.13+	RStudio-1.4.1717.dmg	203.06 MB	2cf2549d
Ubuntu 18/Debian 10	rstudio-1.4.1717-amd64.deb	122.51 MB	e27b2645
Fedora 19/Red Hat 7	rstudio-1.4.1717-x86_64.rpm	138.42 MB	648e2be0
Fedora 28/Red Hat 8	rstudio-1.4.1717-x86_64.rpm	138.39 MB	c76f620a
Debian 9	rstudio-1.4.1717-amd64.deb	123.29 MB	e4ea3a60
OpenSUSE 15	rstudio-1.4.1717-x86_64.rpm	123.15 MB	e69d55db

위 그림처럼 All Installers 항목에서 운영체제별 필요한 버전을 선택하여 다운로드합니다.

② RStdio 설치_ 설치 시작과 설치 위치 선택

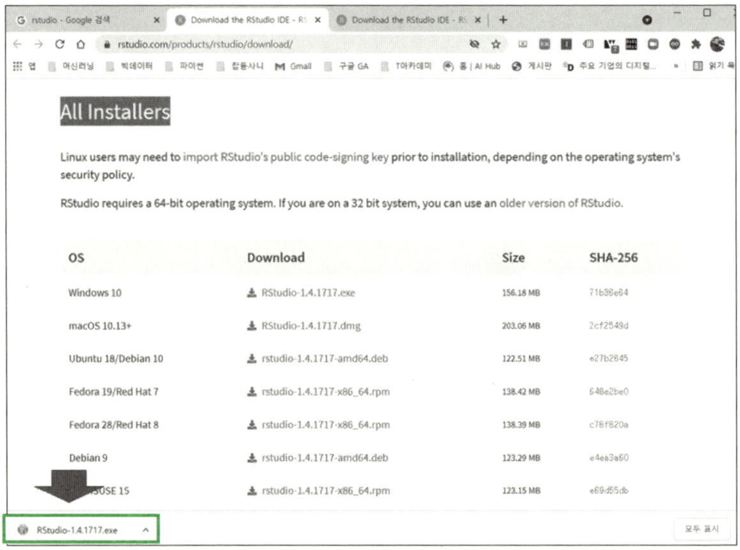

RStudio 설치 파일이 왼쪽 하단에 생성이 되면 더블클릭 후 설치를 시작합니다.

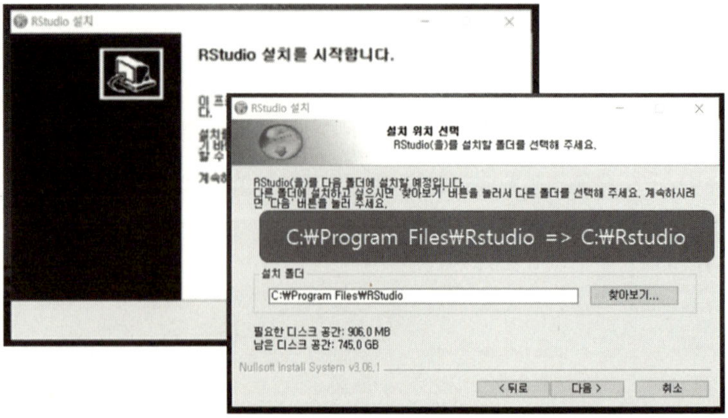

다음을 누르시고 C:₩Program Files₩RStudio 경로명을 C:₩RStudio 로 수정 바랍니다. 그리고 "다음" 버튼 선택~~

③ RStdio 설치_ 시작 메뉴 폴더 선택

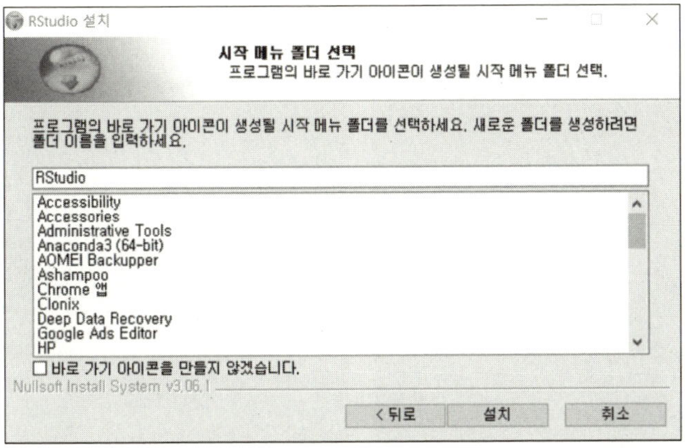

윈도우의 시작 메뉴를 만들고, 바로가기 아이콘을 등록하는 과정입니다. 기본값 사용을 권장합니다.

④ RStudio 설치_ 설치 진행과 설치 완료

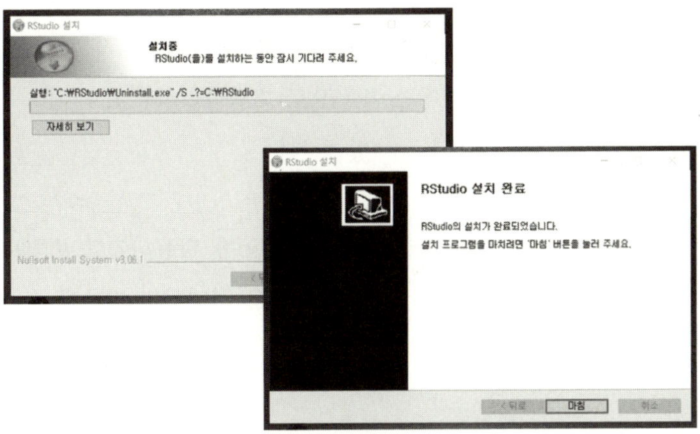

RStudio 설치가 진행됩니다. 설치가 완료되면 안내문구를 확인할 수 있으며 "마침" 버튼을 클릭하여 RStudio 프로그램의 설치를 완료할 수 있습니다.

(2) RStudio 프로그램 설치 후 단계별 실행하기

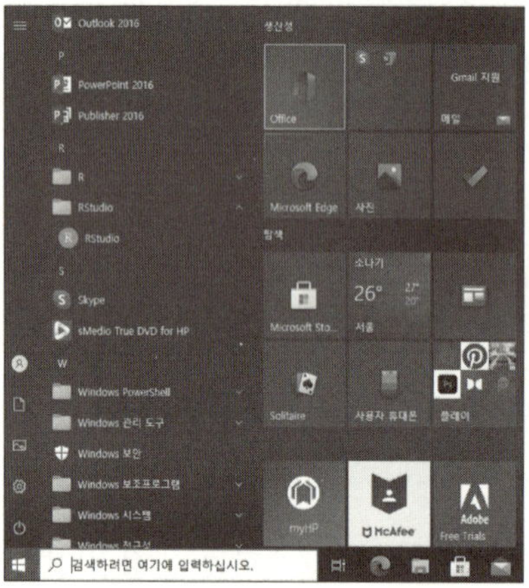

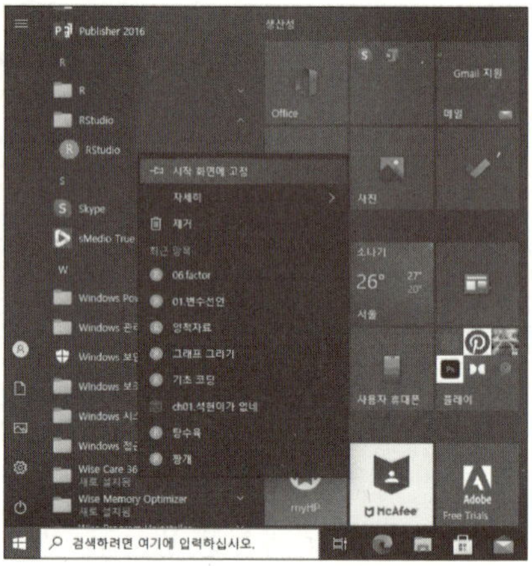

- [단계1] 시작 메뉴 ⇒ RStduio 폴더 ⇒ RStduio 아이콘을 선택
- [단계2] 마우스 오른쪽을 선택
- [단계3] 보내기 ⇒ 바탕화면에 바로가기 만들기를 선택
- [단계4] 바탕화면에 RStudio 아이콘이 생겼습니다. 그리고, 해당 아이콘에 커서를 대고 왼쪽 마우스 버튼으로 더블클릭하면 RStudio 프로그램이 나타나는 것을 확인할 수 있습니다.

아울러, 항상 관리자 권한 실행으로 RStudio를 활용하기를 바랍니다. 관리자 권한으로 실행하기 설정방법을 추가로 설명하면 다음과 같습니다.

- 윈도우 탐색기를 실행하여 설치된 경로가 아래와 같다면 C:₩RStudio ₩bin 폴더로 이동합니다.
- RStudio 실행파일(rstudio.exe)을 "관리자 권한으로 이 프로그램 실행" 항목을 체크합니다.

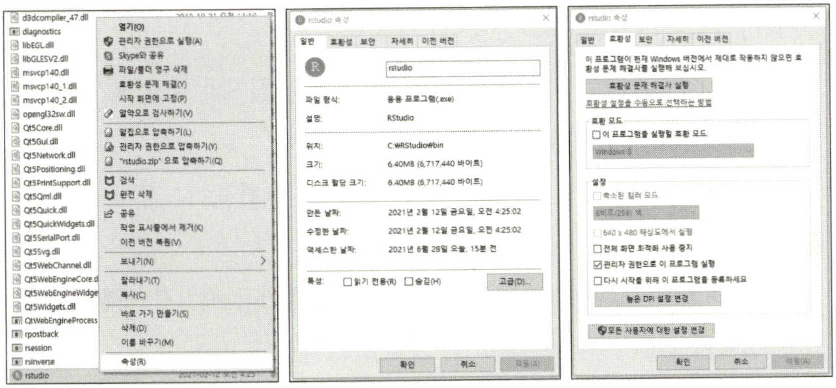

확인 버튼을 클릭 후에는 앞으로 실행되는 RStudio 프로그램은 항상 "관리자 권한" 옵션이 추가된 형태로 실행됩니다. 꼭 기억합시다.

(3) RStudio 프로그램의 글로벌 옵션값 환경 설정하기 항목

RStudio 기본 화면 구성은 3개로 구성되어 있습니다. 콘솔(console) 명령어를 입력하거나 해당 연산의 결과를 보여줍니다. Environment는 객체들을 보여주며, Plot은 도움말이나 그래프를 보여줍니다. 메뉴는 화면의 제일 위에 위치하며, 도구 모음으로 메뉴 중에서 자주 사용하는 기능을 구성하였습니다.

환경설정 변경을 위한 RStudio 프로그램의 체크 사항은 메뉴에서 『Tools』 ⇒ 『Global Options』을 선택합니다.

- General R Options : 기본 CRAN 미러, 초기 작업 디렉터리, 작업 공간 및 기록 동작입니다.
- Source Code Editing : 라인 번호 사용/비활성화, 선택한 단어 및 선 강조 표시, R 파일에 대한 소프트 래핑, paren 일치, 오른쪽 여백 표시 및 콘솔 구문 강조 표시, 탭 간격을 구성, 기본 텍스트 인코딩을 설정합니다.
- Appearance and Themes : 콘솔 및 소스 편집기의 글꼴 크기와 시각적 테마를 지정합니다.
- Pane Layout : 콘솔, 소스 편집기 및 탭 창의 위치, 각 창에 포함되는 탭을 설정합니다.
- Packages : 기본 CRAN 리포지토리를 설정하고 패키지 개발 옵션을 지정합니다.
- Sweave : 컴파일 옵션 및 PDF 미리 보기를 구성합니다.
- Spelling : 주 사전 언어를 선택하고 맞춤법 검사 옵션을 지정합니다.
- Git/SVN : Git 및 SVN 바이너리 위치를 구성하고 SSH RSA 키를 만들고/또는 봅니다.
- Publishing : IDE에서 앱 및 문서를 게시할 수 있습니다. 계정을 설정합니다.

① General R Options

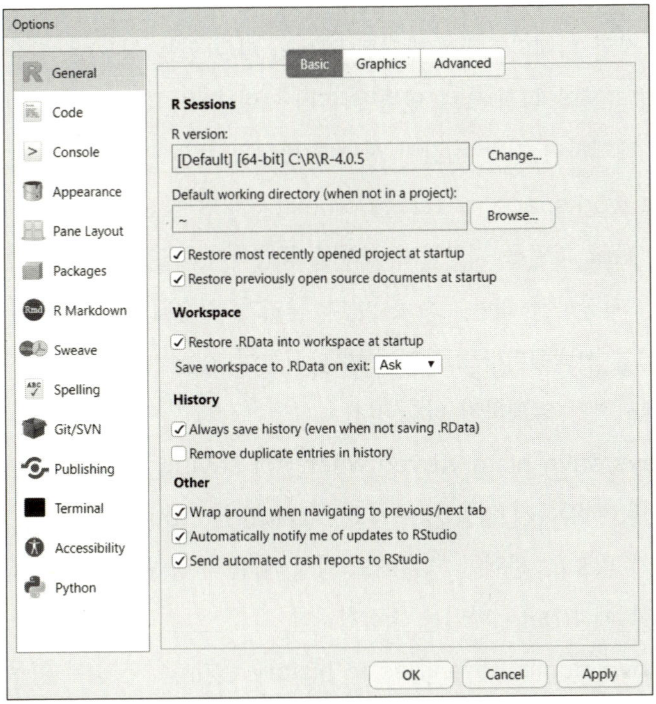

- Default working directory : 기본 작업 디렉터리 – RStudio의 시작 디렉터리(프로젝트에 없는 경우). 초기, RData 및 Rprofile 파일(있는 경우)은 이 디렉터리에서 읽습니다. 현재 작업 디렉터리 및 파일 창도 이 디렉터리로 설정됩니다. 이 설정은 초기 작업 디렉터리를 나타내는 명령줄 매개 변수가 있는 파일 연결 또는 터미널을 사용하여 RStudio를 시작할 때 재정의할 수 있습니다.
- Restore most recently opened project at startup : 시작시 가장 최근에 개설된 프로젝트 복원 – RStudio를 열 때 가장 최근에 사용한 프로젝트를 자동으로 다시 실행합니다.
- Restore previously open source documents at startup : 시작 시 이전에 오픈소스 문서 복원 – RStudio를 열 때 이전에 현재 프로젝

트에 대해 열려 있는 원본 문서를 자동으로 다시 엽니다.

- Restore .RData into workspace at startup : 로드할 수 있습니다. 초기 작업 디렉터리에서 발견된 RData 파일(있는 경우)을 시작시 R 작업 영역(전역 환경)으로 연결합니다. 그런 다음 RData 파일이 옵션을 선택 해제하면 시작 시간이 상당히 향상됩니다.
- Save workspace to .RData on exit : 작업 공간을 저장합니다. 종료시 RData 파일을 저장할지 여부를 묻습니다. 드롭다운 메뉴에는 항상 저장, 저장하지 않음, 종료시마다 묻기가 있습니다. 종료시마다 묻기(Ask)를 선택했더라도 작업에 변경 사항이 없을 시에는 저장 여부를 묻는 메시지가 발생하지 않습니다.
- Always save history(even when not saving .RData) : 항상 기록을 저장(저장하지 않을 경우에도 .RData) – .Rhistory 파일은 .를 저장하지 않도록 선택한 경우에도 항상 세션의 명령과 함께 저장됩니다. 종료할 때 RData 파일을 저장합니다.
- Remove duplicate entries in history : 기록에서 중복 항목을 제거 – 가장 최근에 추가된 명령과 동일한 경우 명령에 레코드에 명령을 추가하지 않도록 합니다.
- Use debug error handler only when errors contain my code : 스택 함수에 내 코드가 포함된 경우에만 특수 오류 처리(디버거에서 중지하거나 오류 검사기 표시)를 수행합니다.
- Automatically expand tracebacks in error inspector : 오류 검사기에서 트레이스백을 자동으로 확장 – 오류 검사에 오류가 표시될 때 즉시 추적을 표시합니다.
- Default text encoding : 소스 파일의 기본 텍스트 인코딩을 지정합니다. 기본 인코딩과 일치하지 않는 소스 파일은 'file' 메뉴에서 '인코딩으로 다시 열기' 메뉴를 사용하여 올바르게 열 수 있습니다.

② Source Code : Editing

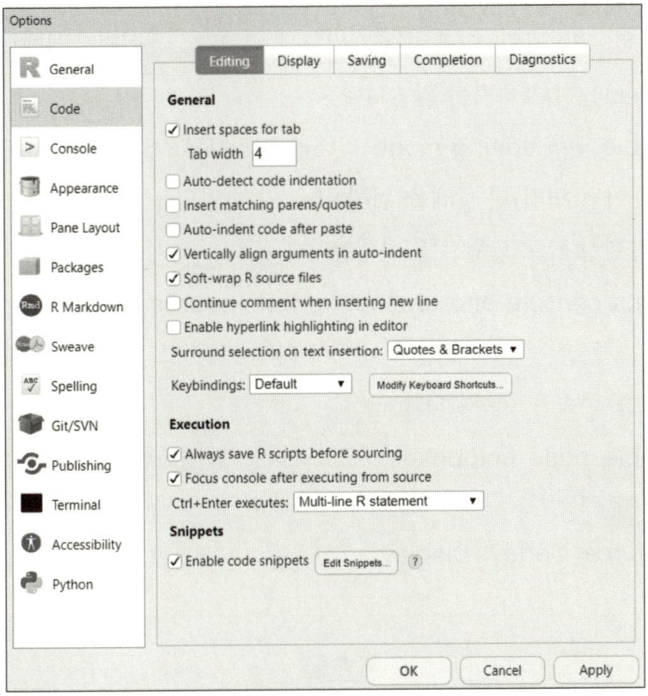

- Insert spaces for tab : 탭에 대한 공백 삽입 – 탭 키가 탭 문자(소프트 탭)가 아닌 여러 공백을 삽입하는지 여부를 결정합니다. 소프트 탭당 공백 수를 구성합니다.
- Insert matching parens/quotes : 일치하는 괄호/따옴표 삽입 – 괄호, 따옴표, 중괄호를 입력할 때 일치하는 항목을 자동으로 삽입하고 그 사이에 커서를 놓습니다.
- Auto-indent code after paste : 붙여넣기 후 자동 들여쓰기 코드 – 편집기에 붙여넣은 R 코드 블록에 대한 Reindent를 자동으로 실행합니다.
- Vertically align arguments in auto-indent : 자동 들여쓰기에서 인수를 수직으로 정렬 – 여러 줄에 분할된 함수 인수에 대한 현재 들여쓰기 수준을 보존합니다.

- Soft-wrap R source files : 소프트 랩 R 소스 파일 – 편집기의 너비를 초과하는 R 소스 코드의 줄을 다음 줄로 줄바꿈합니다. 단, 이것은 단순히 편집기의 여러 줄에 코드를 표시할 뿐이며, 실제로 줄바꿈(enter)을 실행하지는 않습니다.
- Enable vim editing mode : Vim 편집 모드 활성화 – 기본 키 바인딩이 아닌 편집 및 탐색을 위해 vim 키 바인딩을 사용합니다. 소싱하기 전에 항상 R 스크립트를 실행합니다.
- Focus console after executing from source : 소스에서 실행한 후 포커스 콘솔 – 소스 편집기 내에서 라인 또는 코드 선택을 실행한 후 포커스를 콘솔로 이동합니다.
- Enable code snippets : 코드 조각을 활성화합니다.

③ Source Code : Display

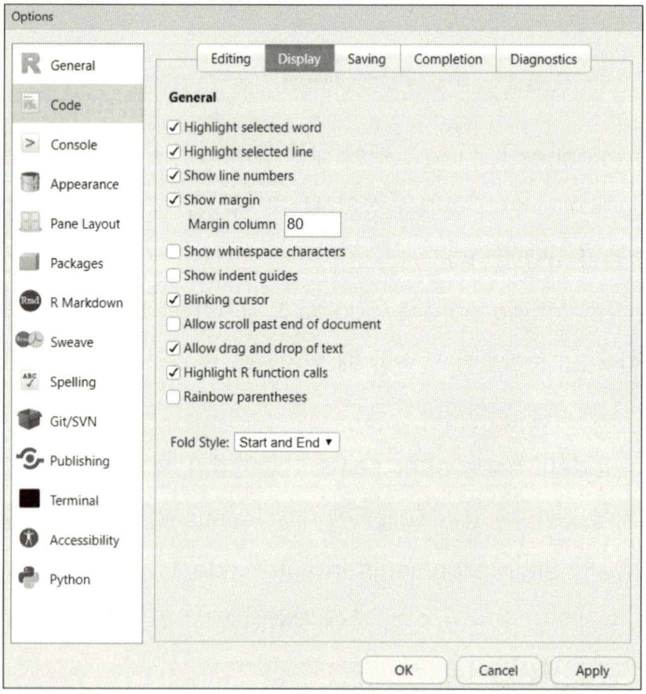

- Highlight selected word : 선택한 단어 강조 표시 – 문서 내에서 현재 선택된 단어의 모든 인스턴스에 배경 강조 표시 효과를 추가합니다.
- Highlight selected line : 선택한 줄 강조 표시 – 현재 선택한 코드 줄에 배경 강조 표시 효과를 추가합니다.
- Show line numbers : 줄 번호 표시 – 왼쪽 여백 내에서 줄 번호를 표시하거나 숨깁니다.
- Show margin : 여백 표시 – 지정된 열에서 소스 편집기의 오른쪽에 여백 가이드를 표시합니다.
- Show whitespace characters : 공백 문자 표시 – 공백 문자(탭, 뉴스라인 등)가 원본 문서에 있는 위치를 나타내는 글리프 표시를 표시합니다.
- Show indent guides : 들여쓰기 가이드 표시 – 현재 들여쓰기 열을 나타내는 선을 표시합니다.
- Show syntax highlighting in console input : 콘솔 입력에서 구문 강조 표시 – 콘솔 입력 라인에 R 구문 강조 표시 적용합니다.

④ Source Code : Completion

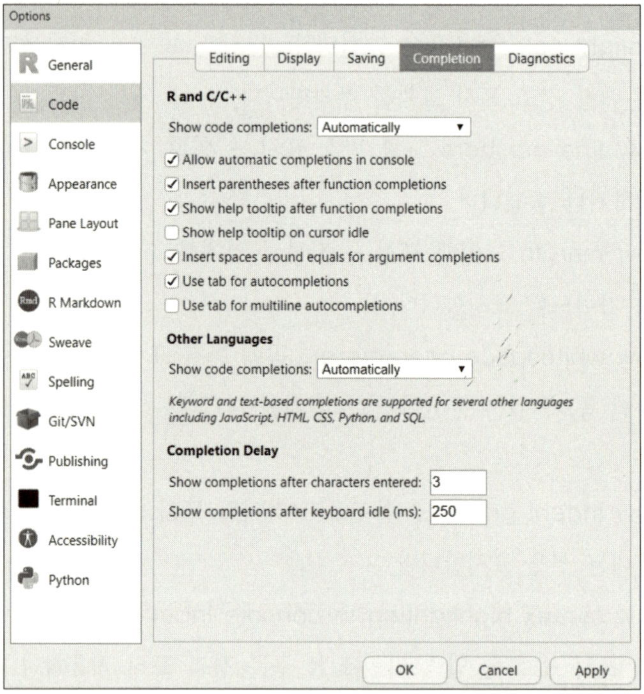

- Show code completions : 코드 완료 표시 – 입력할 때 편집기 디스플레이 코드 완성 옵션을 사용할 시기를 선택합니다.
  - Allow automatic completions in console : 콘솔에서 자동 완료 허용
  - Insert parentheses after function completions : 기능 완료 후 괄호 삽입
- Show help tooltip after function completions : 기능 완료 후 도움말 도구 설명 표시 – 코드 완료 후 작은 팝업 창에 함수의 도움말 페이지의 요약을 표시하도록 확인합니다.
- Insert spaces around equals for argument completions : 인수 완료에 대해 동일한 주위에 공백을 삽입 – 코드 완료를 위해 코드 스타일을 설정하도록 확인하거나 선택 취소합니다.

Use tab for multiline autocompletions : 다중 선 자동 완성에 탭 사용

- Show completions after characters entered : 문자를 입력한 후 완료 표시 – 코드 완료를 트리거하는데 필요한 최소 문자 수를 입력합니다.
- Show completions after keyboard idle : 키보드 유휴 후 완료 표시 – 자동으로 코드 완료를 제안하기 전에 입력을 중지한 후 편집기를 기다려야 하는 시간 선택합니다.

⑤ 소스 코드 : 진단

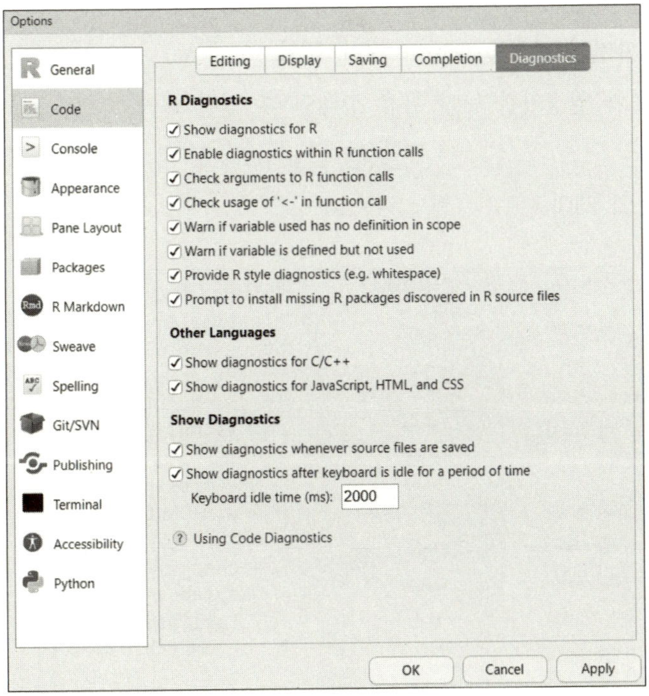

- R에 대한 진단 표시 : R 코드가 올바르지 않거나 나타날 때 편집기의 여백에 경고 메시지를 표시해야 합니다.
  – R 함수 호출 내에서 진단 사용
  – R 함수 호출에 대한 인수 확인

- **사용된 변수에 범위에 정의가 없는 경우 경고** : 변수가 정의되었지만 사용되지 않는 경우 경고합니다.
- **R 스타일 진단(예 : 공백) 제공** : R 코드가 제대로 스타일이 없는 것처럼 보이는 경우 편집기의 여백에 경고 메시지를 표시해야 합니다.
- **C/C++에 대한 진단 표시** : C 또는 C++ 코드가 올바르지 않거나 표시되면 편집기 여백에 경고 메시지를 표시해야 합니다.
- **자바스크립트, HTML 및 CSS에 대한 진단 표시** : JavaScript, HTML 및 CSS 코드가 올바르지 않은 것처럼 보일 때 편집기의 여백에 경고 메시지를 표시해야 합니다.
- 원본 파일이 저장될 때마다 진단 표시
- 키보드가 일정기간 동안 유휴 상태인 후 진단 표시

⑥ 외모와 테마

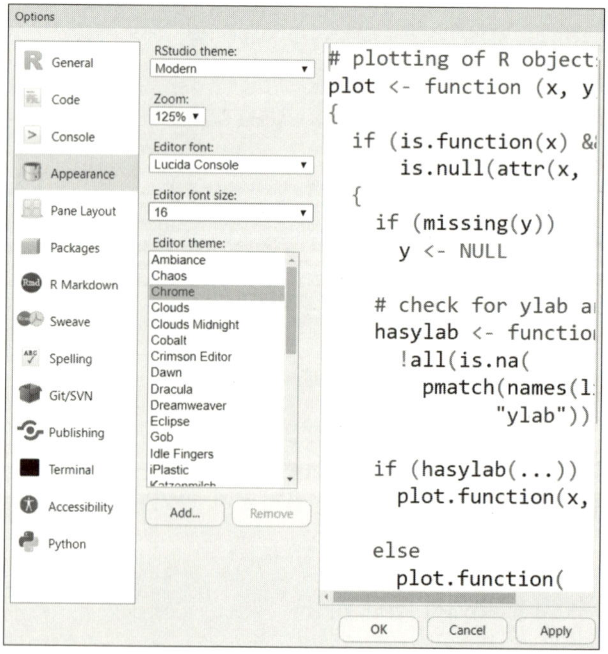

- **편집기 글꼴** : 코드를 표시하는 창(콘솔, 소스, 기록 및 작업 공간)에 대한 글꼴을 사용자 지정합니다.
- **글꼴 크기** : 코드를 표시하는 창(콘솔, 소스, 기록 및 작업 공간)에 대한 글꼴 크기(점)를 설정합니다.
- **편집기 테마** : 콘솔 및 소스 창에 대한 시각적 테마를 지정합니다. 인라인 미리 보기를 사용하거나 적용 버튼을 눌러 테마를 미리 볼 수 있습니다.

⑦ 창 레이아웃

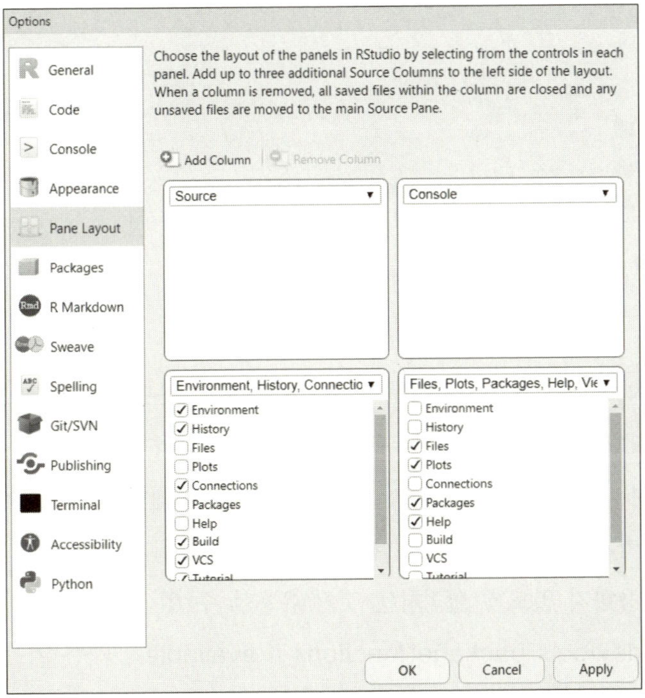

- RStudio 내에서 창의 위치 및 탭 세트를 지정합니다.
- 4개의 창이 항상 표시됩니다(현재 창을 숨길 수는 없습니다).

⑧ 패키지

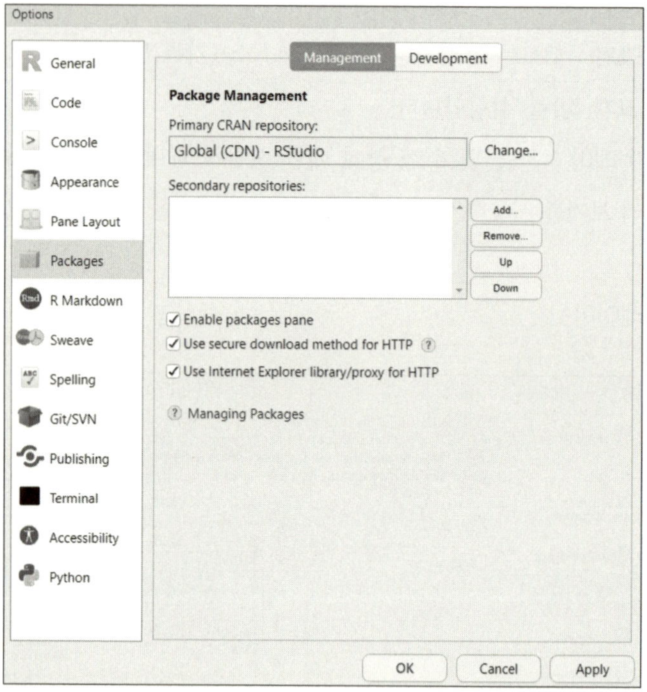

- CRAN mirro : CRAN 미러 – 패키지 설치에 사용되는 CRAN 미러를 설정합니다(리포지토리 인수를 사용하여 설치.packages).
- Enable packages pane : 패키지 창 사용 – 패키지 창 표시(수백 개의 패키지가 설치되어 있고 나열하면 모든 성능 문제가 발생할 수 있음)를 사용하지 않도록 설정하는 것이 유용할 수 있습니다.
- Use devtools package functions if available : 사용 가능한 경우 devtools 패키지 함수 사용 – devtools 패키지가 설치된 경우 해당 함수를 사용하여 패키지를 빌드, 로드 및 관리합니다.

  패키지 작성 전에 모든 파일을 저장 – 패키지 빌드 명령을 실행하기 전에 오픈소스 편집기 문서를 자동으로 저장합니다.
- Automatically navigate editor to package build errors : 편집기

를 자동으로 탐색하여 빌드 오류를 패키지화합니다 – 식별 가능한 소스 파일과 줄 번호가 있는 패키지 빌드 오류가 발생하면 파일을 자동으로 열고 오류 위치로 이동합니다.

- Hide object files in package src directory : 패키지 src 디렉터리에서 개체 파일 숨기기 – 패키지 src 디렉터리에서 빌드의 부작용으로 만든 개체 파일을 숨깁니다.
- Cleanup output after successful R CMD check : R CMD 검사에 성공한 후 정리 출력 – R CMD 검사가 성공하면 검사의 일부로 생성된 소스 패키지 및 Rcheck 디렉터리를 제거합니다.
- View Rcheck directory after failed R CMD check: R CMD 검사에 실패한 후 Rcheck 디렉터리 보기 – R CMD 검사가 실패하면 다양한 진단 로그 파일을 검사하기 위해 파일 창을 자동으로 Rcheck 디렉터리로 탐색합니다.
- Use Rcpp template when creating C++ files : C++ 파일을 만들 때 Rcpp 템플릿 사용 – C++ 기능을 Rcpp를 통해 R로 내보내는 간단한 예제로 새 C++ 파일을 시작합니다.

⑨ Sweave

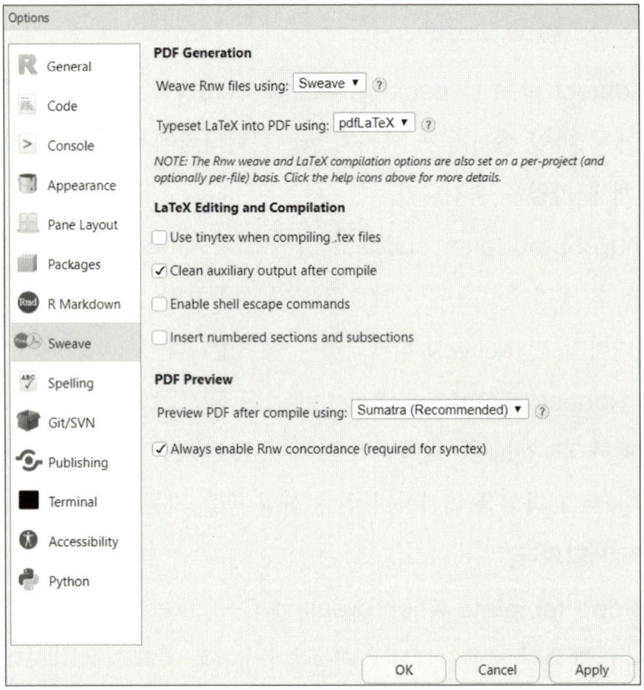

- Weave Rnw files using : Rnw 파일 짜기 – PDF 컴파일 버튼으로 파일을 짜기 위한 기본 전역 옵션을 선택합니다.
- Typeset LaTeX into PDF using : 타이셋 LaTeX를 사용하여 PDF로 설정 – 지원되는 타자기 엔진 목록에서 선택하거나 사용자 지정된 엔진을 추가하십시오(LaTeX 옵션 사용자 지정에 대한 추가 도움말 참조). 타이셋 LaTeX를 사용하여 PDF로 설정 – 지원되는 타자기 엔진 목록에서 선택하거나 사용자 지정된 엔진을 추가하십시오(LaTeX 옵션 사용자 지정에 대한 추가 도움말 참조).
- Clean auxiliary output after compile : 컴파일 후, 보조 출력을 클린 – LaTeX 프로그램을 실행하면 다양한 중간 파일(예 : 'target.out', 'target.aux')이 생성됩니다. 이 옵션을 사용하면 컴파일 후 이러한 파

일이 자동으로 제거됩니다. 로그 파일('target.blg'과 'target.log')도 정리되지만, 컴파일 중에 오류가 발생하는 경우 유지됩니다.

- Enable shell escape commands : 셸 이스케이프 명령 사용 – 옵션을 LaTeX 프로그램에 전달하여 셸 명령을 실행하도록 설정합니다. 문서가 포함된 셸 명령을 실행할 수 있도록 허용하면 보안 위험이 있을 수 있으므로 기본적으로 이 옵션을 사용하지 않도록 설정됩니다.
- Insert numbered sections and subsections : 번호가 매겨진 섹션 및 하위 섹션 삽입 – 포맷 메뉴를 사용하여 삽입된 섹션과 하위 섹션에는 번호가 포함되어야 한다고 지정합니다(이 옵션이 활성화되지 않은 경우 섹션으로 삽입됩니다).
- Preview PDF after compile using : 컴파일 후 PDF 미리 보기 – 컴파일이 완료된 후 PDF 파일을 볼 응용 프로그램을 선택합니다(PDF 미리보기에 대한 추가 도움말 참조).
- Always enable Rnw concordance : 항상 Rnw 연결성 사용 – Rnw 직조 중에 일치 정보를 방출하는 데 필요한 옵션을 자동으로 설정합니다. 콩코드는 Rnw 파일의 선 번호와 생성된 TeX 파일 간의 매핑을 제공합니다. 이렇게 하면 Rnw 파일 내의 컴파일 오류에 대한 직접 탐색과 PDF 미리 보기를 위한 Synctex와의 호환성을 모두 수행할 수 있습니다.

⑩ 맞춤법

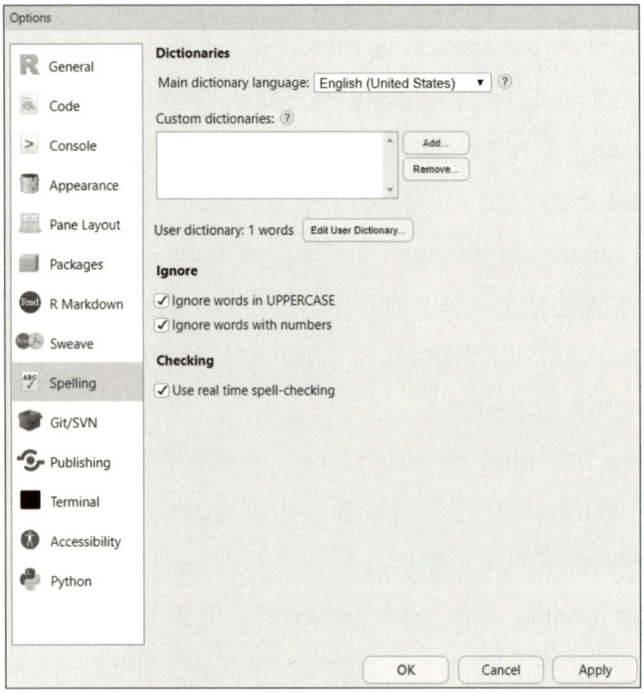

- Main dictionary language : 주요 사전 언어 – RStudio의 기본 설치에는 미국, 영국, 캐나다 및 호주에 대한 영어 사전이 포함됩니다. 또한 28개 언어에 대한 사전을 설치할 수 있습니다. 사전에 대한 자세한 내용은 맞춤법 사전 문서를 참조하세요.
- Custom dictionaries : 사용자 지정 사전 – RStudio를 구성하여 필드 내에서 일반적으로 사용되는 추가 용어(예 : 의료 용어의 OpenMedSpel 사전)를 포함하는 Hunspell 사용자 지정 사전을 사용할 수도 있습니다. 사전 사용자 지정에 대한 자세한 내용은 맞춤법칙 사전 문서를 참조하세요.
- Ignore words in UPPERCASE : 어퍼케이스에서 단어 무시 – 맞춤법 검사하는 동안 모든 UPPERCASE 문자에 단어를 무시합니다.

- Ignore words with numbers : 숫자가 있는 단어 무시 – 맞춤법 확인 중 숫자가 있는 단어를 무시합니다.

⑪ Git/SVN

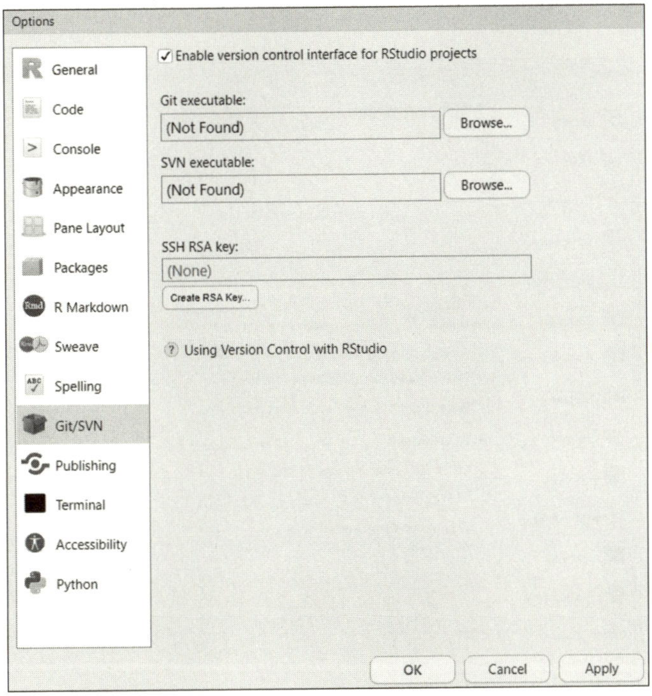

- Git executable : Git 실행 가능 – Git 실행 가능 위치. 기본적으로 RStudio는 시스템 경로에서 Git 실행 가능한 Git을 찾습니다. 경로에 없는 Git 버전을 사용하려면 여기에서 지정할 수 있습니다.
- SVN executable : SVN 실행 가능 – SVN 실행 가능한 위치. 기본적으로 RStudio는 시스템 경로에서 SVN 실행 가능한 위치를 찾습니다. 경로에 없는 Git 버전을 사용하려면 여기에서 지정할 수 있습니다.
- SSH RSA Key : SSH RSA 키 – 원격 Git 또는 Subversion 리포지토리에 대해 RSA 공용/개인 키 인증으로 SSH를 사용하는 경우 RSA

키를 생성한 다음 원격 서버에 공개 키를 제공해야 합니다. 둘 다 새 RSA 키를 만들고 버전 제어 옵션 패널 내에서 공개 키를 보거나 복사할 수 있습니다.

⑫ Publishing

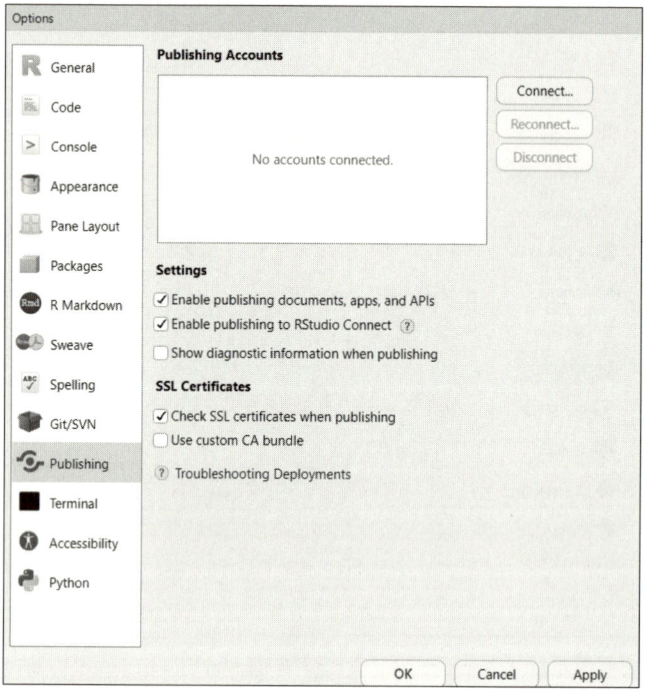

- Publishing Accounts : 계정 게시 – 세션이 게시할 수 있는 계정 목록입니다.
- Enable publishing apps and documents : 앱 및 문서 게시 사용 – 게시 아이콘을 클릭하거나 게시 명령을 실행하여 외부 계정에 앱이나 문서를 배포할 수 있도록 합니다.

PART 2

R 기초 사용법

1. R의 기본 사용법
2. R의 데이터의 기본 유형과 특수 유형

학습 목표

- R의 기본 문법을 이해하고 활용해봅시다.
- R의 데이터 유형을 구분해봅시다(기본형+특수형).

학습 가이드 및 주요 함수

- R의 기본 함수를 이해하고 실습을 통하여 활용해봅시다.
- #, ;, Ctrl + Enter, Enter, Run, 연산자, 수치형, 문자형, 논리형을 학습해봅시다.
- R Studio 프로그램에서는 스크립트를 이용해 명령어를 실행, 저장하도록 합니다.
- R Studio에서 제공하는 스크립트를 기준으로 설명합니다.

1 R의 기본 사용법

(1) 기초 사용법

① 대소문자를 구별합니다.

② #(주석)

③ ;(세미콜론)

④ Enter / Ctrl + Enter / Run

1) 대소문자 구별

R은 대소문자를 구별합니다. 대문자 X는 소문자 x와는 다른 변수로 취급합니다. 사용시 혼용하면 에러가 발생할 수 있기 때문에 주의하기 바랍니다. (S, Z, X, C, W)

2) #(주석)

저는 주석(comment)입니다. 주로 설명의 추가적인 내용을 입력하는 기능을 하고 있습니다.

코팅시 실행 프로그램의 일반적이고 꼭 필요한 제목 같은 분류 내용을 상세로 살명하거나, 명령 함수와 생성된 변수의 실행 알고리즘의 직관적인 상세 추가 내용을 쉽게 문자로 상세 설명과 한 줄 정도의 추가 설명 및 해당하는 프로그램 함수 명령어가 무엇을 의미하는지 설명하거나, 무엇을 말하는지 쉽게 이해를 돕도록 프로그래머가 직관적으로 한 줄 요약 설명을 추가하는 기능을 합니다.

뒤에 있는 한 문장이 주석으로 처리되며, 명령어로써의 기능 아닌 추가 상세 텍스트로 사용합니다.

확장성 있게 사용하려면, "#"을 붙인 한 줄이 주석으로 묶여서 처리되므로 추가로 다른 줄도 주석처리 하고 싶으면, 줄 앞에 항상 "#"를 써 주시면 됩니다.

3) ; (세미콜론)

저는 세미콜론으로 불립니다. 하나의 명령어가 "이제 끝났어요"을 알려주는 기능을 합니다.

4) Enter

저는 Enter입니다. R STUDIO 사용의 경우 Source 창에서 다음 줄로 이동할 때 사용합니다.

5) Ctrl + Enter

저는 Ctrl + Enter입니다. R을 실행하는 기능입니다. 명령어가 한 줄이라면 마우스의 위치는 해당 줄의 어느 곳에서든지 사용 가능합니다. 그런데, R 기본 함수가 두 줄 이상인 경우가 발생되서 처리를 원할 때는 반드시 해당 함수가 있는 곳까지 드래그하여 지정(블록)하여 실행해야만 합니다.

6) Run == Ctrl + Enter == 실행

소스창의 오른쪽 상단을 위한 버튼으로 실행 버튼으로 가장 많이 사용됩니다.

(2) R Script 실행하기

우선 R Studio를 열고 R Script를 실행하는 방법을 알아봅시다.

① File

② New File

③ R Script를 선택합니다.

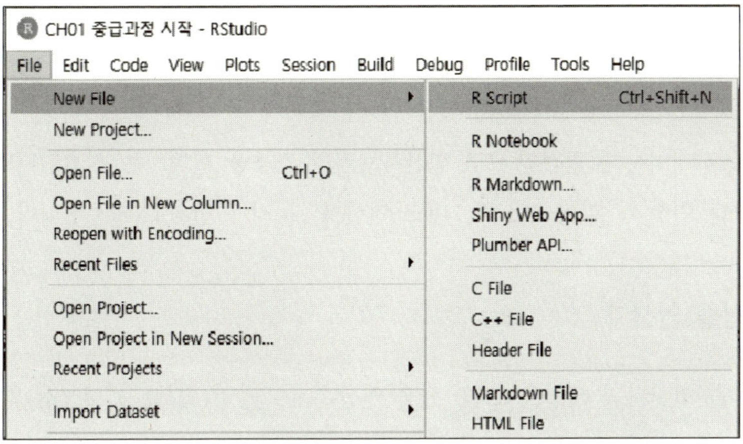

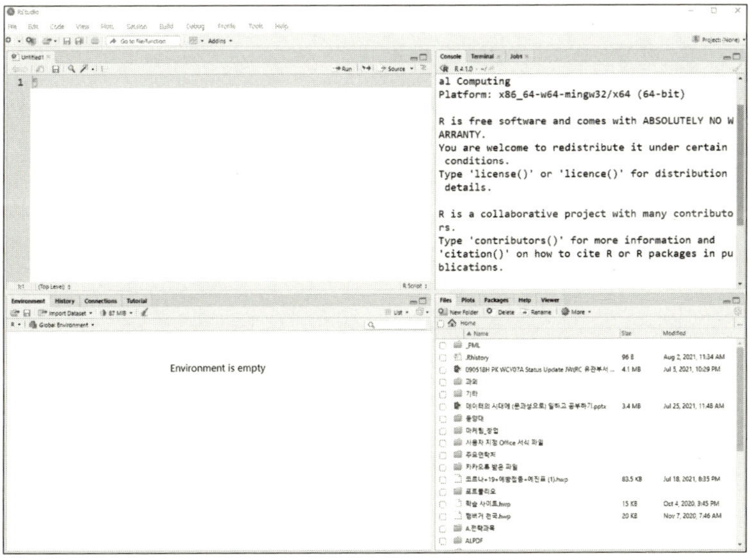

(3) 기초 사용법

R 프로그램(이하 R 사용)을 잘 이해하기 위해서는 우선, R 콘솔로 돌아가서 이 창을 활성해보고, 콘솔창의 "〉" 부분에서 커서가 깜빡이면 창이 활성화되었다고 이해하면 됩니다.

통계 프로그램을 활용해서 가장이 하는 작업이 아마도 더하기, 빼기, 곱하기, 나누기 등으로 대변되는 연산기능일 겁니다.

이 장에서는 일반적인 R의 연산자로써의 기능을 살펴보는 시간입니다.

산술 연산자, 할당 연산자, 비교 연산자, 논리 연산자로 활용됩니다.

1) 산술 연산자

산술 연산자의 쓰임을 보면, 산술 연산은 +, −, *(곱셉), /(나눗셈)의 사칙연산을 실행하는 것을 의미합니다.

R에서 산술 연산은 한 가지의 법칙을 따르는데, 우선순위를 고려해서 계산할 것을 원칙으로 사용합니다.

산술 연산자의 우선순위를 살펴보면 괄호(()) 〉 거듭제곱(^, **), 〉곱셉과 나눗셈(*, /)이고, 끝으로 덧셈과 뻴셈(+, −)입니다.

동일한 우선순위(곱하기=나누기, 더하기=빼기)인 산술 연산자가 차례로 되어 있다면 왼쪽에서 오른쪽으로 우선순위를 고려하여 계산하면 됩니다. 참 쉽죠~~!!

아래 표에서는 거듭제곱을 나타내는 기호와 나머지 몫을 나타내는 방법을 살펴봅시다.

산술 연산자 기호표

연산자	설명	입력내용	결과내용
+	더하기	3+4	7
−	빼기	3−4	−1
*	곱하기	3*4	12
/	나누기	3/4	0.75
**	거듭제곱	3**4	81
^	거듭제곱	3^4	81
%/%	몫	3%/%4	3
%%	나머지	3%%4	1

2) 할당 연산자

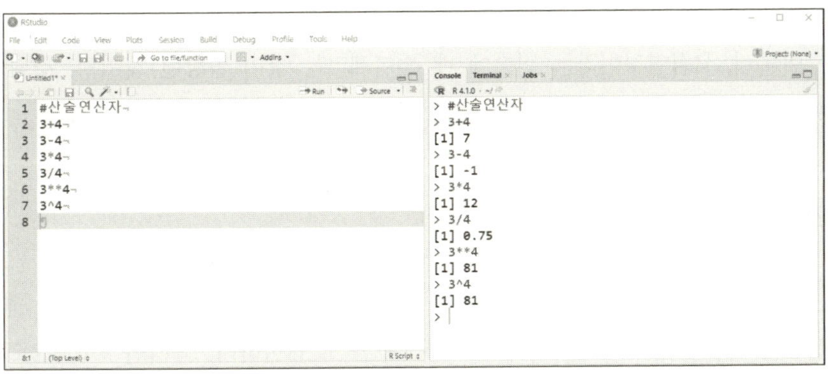

할당 연산자의 쓰임을 정리하면, 사용하고자 하는 변수나 객체의 이름(변수 혹은 데이터의 이름)에 원하는 값을 할당할 때 사용하는 연산자을 말합니다.

할당 연산자를 조금 간략히 정리하면 다음 표처럼 나타낼 수 있어요.

연산자	설명	입력내용
<-	오른쪽의 값을 왼쪽의 이름에 저장함	x<-3
=	오른쪽의 값을 왼쪽의 이름에 저장함	y = 4
->	왼쪽의 값을 오름쪽의 이름에 저장함	5->z

숫자 등의 수치형 자료가 변수인 문자로 이동되는 것처럼 보입니다. 이렇게 이해하시면 됩니다. 그럼 간단한 실습을 해봅시다.

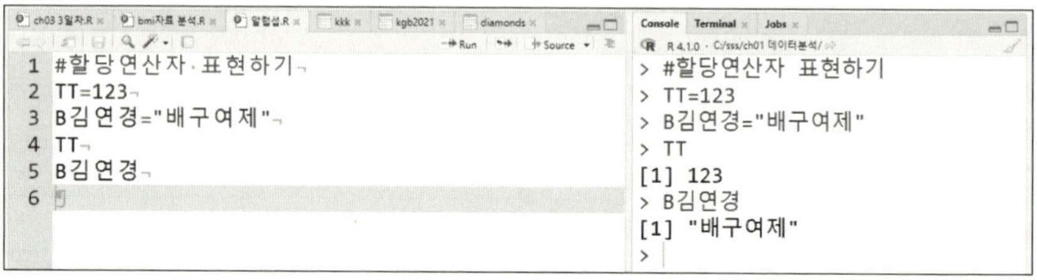

TT라는 변수에 123을 할당한 것입니다. 다시 말하면, TT라는 주소에 123이라는 정수를 넣어주었다는 뜻으로 이해하시면 됩니다.

아울러, B김연경이라는 변수에 배구 여제라는 값이 할당된 것이지, 같다라고 이해하시면 안됩니다. 참고로 같다는 "=="로 표현함을 주의하세요.

3) 비교 연산자

다음으로 살펴볼 연산자는 비교 연산자로써 설정된 값 중, 두 개 값에 대한 비교하는 것으로 그 의미가 맞으면 TRUE로 표현하며, 틀리면 FALSE로 반환되는 표기법입니다.

비교 연산자를 다음 표로 정리해 보았습니다.

"같다"와 "같지 않다", "아니다"의 표기시 사용되는 부호를 꼭 기억 바랍니다.

구분표시	의미	입력부호	결과내용
>	크다	1>2	FALSE
>=	크거나 같다	1>=2	FALSE
<	작다	1<2	TRUE
<=	작거나 같다	1<=2	TRUE
==	같다	1==2	FALSE
!=	같지 않다	1!=2	TRUE
!	아니다	!(1==2)	TRUE

몇 가지 사항 중 강조하고 싶은 것 하나는 우리가 표기 중 “크거나 같다(>=), 작거나 같다(<=), 같다(==), 같지 않다(!=)”라는 비교 연산자 사용시, 연산자 사이에 공백이 존재하면 에러(error)가 발생한다는 것을 반드시 기억하시기 바랍니다.

즉 “크거나 같다”를 사용할 때에 “>공백=”은 에러를 유발하는 표기입니다.

R코딩에서 워닝(주의하세요)은 허용하지만 에러(재코딩 요함)는 다시 코딩을 해야 하는 사항입니다.

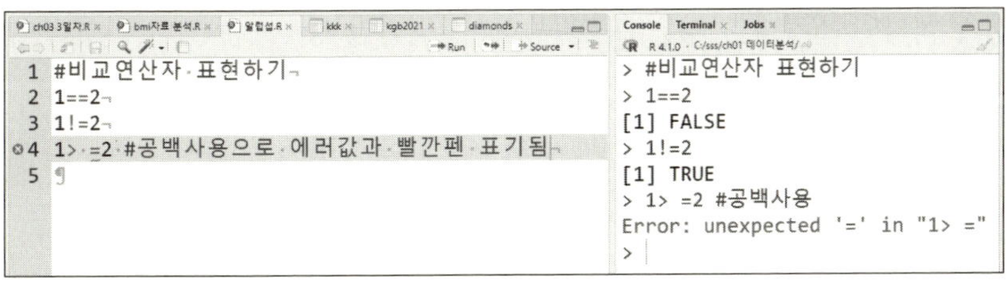

4) 논리 연산자

마지막으로 논리 연산자를 살펴보겠습니다.

조건을 비교하는 논리 연산자 &, &&는 모든 조건이 참일 때에만 최종적인 결과가 TRUE로 나타납니다.

또한, “|, ||”는 조건 중에서 하나라도 참이라면 최종표기 결과가 TRUE

로 나타납니다.

① "&"

조건을 살펴보고 두 개(또는 그 이상)를 동시에 만족할 때만 그 결과값이 TRUE가 되는 논리 연산입니다.

마치 AND의 개념으로 사용됩니다.

② "&&"==AND

&&는 &의 개념과 동일하게 사용됩니다.

차이점은 &&는 데이터가 "하나인 스칼라인 경우에만 가능하며 벡터인 경우에는 벡터의 첫 번째만 작동하고 나머지는 작동하지 않는다"라는 점이 구별됩니다.

③ "|"==OR

OR의 개념으로 사용되는 |는 제시된 조건 중에서 두 개(또는 그 이상) 중 하나만 해당하거나, 만족하여도 그 결과값이 TRUE로 출력되는 논리 연산입니다.

④ "||"==OR

"|"의 연산과 OR의 개념과 비슷하게 사용되지만, "차이점으로 ||는 데이터가 하나인 스칼라인 경우에만 가능하며, 벡터인 경우에는 벡터의 첫 번째만 작동하고 나머지는 작동하지 않는다"라는 점을 구분해야 합니다.

실무 데이터를 다루는 경우에는 &와 |의 기본 개념으로 많이 사용되는 경향을 보이기 때문에 AND와 OR의 개념으로 정리해두시기를 바랍니다.

⑤ "!"==NOT

!의 사용법은 꼭 기억해 두시기 바랍니다. "!는 NOT의 개념"이라고 기억하시면 되는데, 어떠한 지정된 조건의 결과를 반대하거나 부정하는 논리 연산으로 사용되는 기호입니다.

이 때문에, TRUE는 최종 결과가 FALSE가 되고, 조건이 FALSE이면 최종 결과가 TRUE가 되는 값을 나타나게 합니다. 실무에서 자주 등장하는 기호 연산으로 그 사용법을 꼭 익혀두시기 바랍니다.

아래 표는 R 프로그래밍 사용시 자주 사용되는 수학적 기호를 R 명령어로 적용한 부분입니다. 꼭 익혀두시기 바랍니다.

명령어/함수명	내용	표기는 이렇게	결과보기
abs()	절대값 표시함	abs(−6)	6
sqrt()	제곱근을 나타냄	sqrt(9)	3
exp()	지수를 표시함	exp(7)	1096.633
log()	로그를 취함	log(2)	0.6931472
prod()	곱셈을 해줌	prod(3:4)	12
round()	소수 첫 자리까지 반올림 해주세요	round(1.234, 1)	1.2

2 R의 데이터의 기본 유형과 특수 유형

데이터의 기본 유형에 대하여 살펴보겠습니다.

이번 절에서는 크게 4개의 테마로 구성되었는데요. 기본 데이터의 유형에 대해서 살펴본 후, 특수 형태의 데이터에 대하여 구분할 것을 설명하고, 데이터의 유형을 구분하는 함수를 통하여 데이터의 유형구분을 손쉽게 하는 요령을 습득한 뒤 마지막으로 데이터의 우선순위가 존재하는 R 데이터의 특성에 대하여 정리하는 시간입니다.

4가지 테마로 구성되었기 때문에 각 테마마다 습득해야 할 사항을 정리하였습니다.

차분히 시작해주시기를 바랍니다.

R의 기본유형은 크게 4가지로 되어 있습니다. 수치형+문자형+논리형+그리고 복소수형입니다.

그런데 이 중 복소수형은 실제로 R에서는 사용하지 않고, 자료 구분상으로 이루어진 존재입니다.

실데이터 분석시 수치나 문자형 데이터를 범주형 데이터로 변환하여 사용하게 되는데 해당 데이터의 변환 부분에서 자세히 다루려고 합니다. 데이터 분석시 중요한 부분이기 때문에 꼭 명심해 주시기를 당부드립니다.

데이터를 구분하는 큰 기준은 계산할 수 있는 상태를 기본형으로 계산이나 연산이 불가능한 상태를 특수형으로 분류하여 설명해 놓고 있습니다.

"R에는 데이터의 유형을 알아보겠다"는 의미는 데이터가 어떤 값으로 이루어져 있는가를 의미합니다. 그 형태가 수치로 구성되어 있는지, 아니면 알파벳/한글 등의 문자로 되어 있는지를 살펴보는 일입니다.

(1) 기본의 데이터 유형 알아보기

기본형 데이터 유형에 대해서 설명드립니다. 수치형, 문자형, 논리형, 복소수형이 앞서 설명한 대로 구성되어 있습니다.

수치형, 문자형, 논리형이 사용됩니다(복소수형 제외).

① **수치형**(numeric)

〈표기법〉 정수 형태/소수 형태로 수치형 데이터는 숫자로 구성되었으며, 정수형(integer, R 프로그램 결과 콘솔 표기상)과 실수형(double, R 프로그램 결과 콘솔 표기상)이 있습니다.

② **문자형**(character)

〈표기법〉 "" / ''로 표기되는 형태로 하나의 문자 또는 문자열로 나타냅니다.

③ **논리형**(logical)

〈표기법〉 TRUE / FALSE로 표기되는 형태로 반드시 대문자로 쓰입니다. 참과 거짓의 논리값으로 나타냅니다.

④ 복소수형(complex)

〈표기법〉 i를 숫자에 붙여서 표기되는 형태로 실수와 허수로 나타납니다.

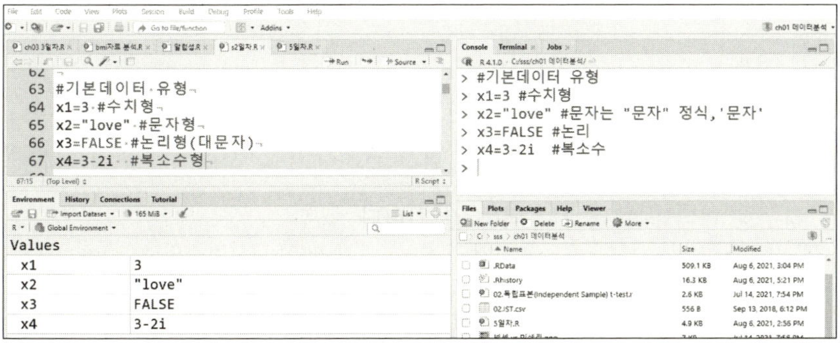

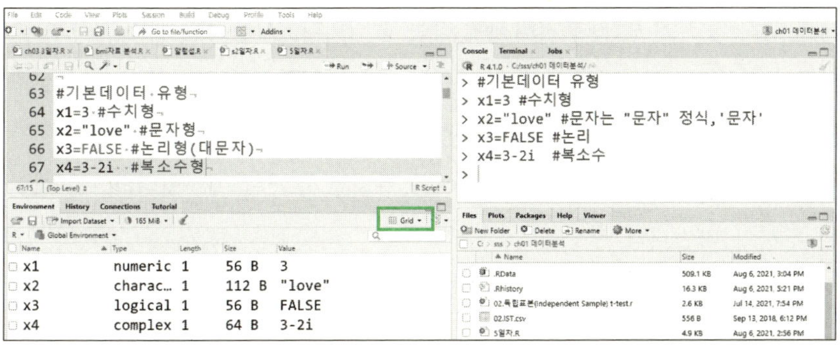

데이터의 유형에 따른 x1,x2,x3,x4값을 살펴볼 수가 있고, 중간의 빨간색 버튼을 List에서 Grid로 변경하면 변수에 따른 데이터의 타입을 알려주며, 기본 정보를 체크할 수 있는 버튼이 생성되어 있음을 살펴볼 수 있습니다.

예를 들면, “x1이라는 변수는 수치형 데이터로써 길이는 한 개고, 56byte 크기에 3이라는 숫자로 구성되어 있습니다”라고 해석이 가능합니다. 참 쉽죠~~

(2) 특수 형태의 데이터 유형

이번 유형은 특수한 형태의 데이터 유형입니다. 총 5가지의 형태로 구분되어 있습니다.

① NULL

전처리할 때 많이 나타내는 값으로 아무것도 없다는 의미로, R뿐만 아니라 다른 프로그래밍 언어 등 컴퓨터 과학 분야에서는 "아무것도 보여주지 않는 경우를 나타내는 데 사용되는 값"입니다.

② NA

결측치(결측값)를 의미하는데, 전처리시 매번 분석을 어렵게 만들기 때문에 분석하기 전에 반드시 처리해야 하는 값입니다. 사전적인 의미 그대로 측정해야 하는 수치가 결여된 값으로 관찰자가 데이터를 입력시 빼먹거나 실수로 공란으로 들어온 경우에 생기는 값을 의미합니다.

이런 결측치는 처리하는 방법이 여러 가지로 소개될 예정입니다. 꼭 기억해 두시기 바랍니다.

결측치 처리 방법이 전처리의 "꽃"이라고 불립니다.

③ NaN

사전적인 의미 그대로 수학적으로 뮬리적 계산이 불가능한 수를 지칭합니다. 굳이 예를 들면, sqrt(−5)로 음수에 해당하는 제곱근을 구하라는 것처럼 나타나며, 결과적으론 구할 수 없습니다.

④ Inf

양의 무한대 값을 의미합니다. 아이돌 그룹 이름도 이렇게 표시하죠~~

⑤ −Inf

음의 무한대 값을 의미합니다.

(3) 데이터의 유형을 알려주는 함수

이렇듯, 데이터의 유형을 크게 기본과 특수형으로 나누고, 다시 기본형을 수치+논리+문자+복소수형으로 구분한 것처럼. 구분된 데이터를 무슨 데이터인지 살펴볼 줄 알아야겠지요?

그래서 데이터의 유형을 알려주는 함수에는 mode() 함수와 is로 시작하는 함수와 가장 많이 사용되는 str(), 그리고 typeof()가 있습니다.

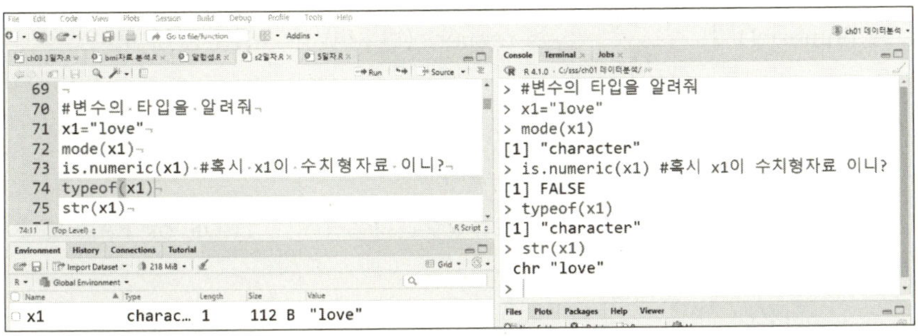

이런 여러 함수 중에서 str() 함수를 추천해 드립니다. 왜냐하면 데이터의 구조로 R을 공부하다 보면, 벡터, 요인(factor), 행렬, 배열, 데이터 프레임, 리스트를 공부하는데, str() 모든 영역에서 데이터의 구조와 속성을 알려주기 때문에 추천해 드립니다. str()==structure의 줄임말입니다.

mode() 함수의 결과는 즉 "수치형_numeric", "문자형_character", "논리형_logical", "복소수형_complex" 중에 선택된 한 가지로 표현됩니다. 또한, is로 함수 앞에 시작하는 함수들의 마지막 결과는 "TRUE or FALSE" 결과 형태로 나타납니다.

is.numeric(x1)로 시작되는 함수의 해석은 "혹시 너 수치형 자료니?"라고 생각하시면 쉽게 이해할 수 있습니다. 마지막으로 결과를 살펴보면 TRUE인(응, 나 수치형 자료야)지 FALSE(아니, 나 수치형 자료가 아닌데~)인지를 확인하면 됩니다.

mode() 함수는 x1에는 문자형이 있기 때문에 x1의 데이터 유형은

"character"이라고 알려주는 것을 확인할 수 있습니다.

is로 시작되는 함수들을 정리한 표입니다. 참조해보세요.

함수명	내용	표기 방법	결과 처리
is.null()	null 여부	is.null(변수명)	TRUE로 결과가 나오면 제거할 방법을 찾아서 전처리 해야 함.
is.na()	결측치 여부	is.na(변수명)	
is.numeric()	수치형 여부	is.numeric(변수명)	TRUE or FALSE
is.integer()	정수형 여부	is.integer(변수명)	TRUE or FALSE
is.character()	문자형 여부	is.character(변수명)	TRUE or FALSE
is.logical()	논리형 여부	is.logical(변수명)	TRUE or FALSE

(4) 우선 순위가 존재하는 데이터의 유형

"문자형_character 〉 복소수형_complex 〉 수치형_numeric 〉 논리형_logical"

데이터의 우선순위를 이해하는 것은 데이터의 변환과도 연관이 있습니다.

수치형 데이터를 문자형으로 강제 변환한다든지 하는 방법은 수치형 데이터인 양적자료를 범주형 데이터인 질적 자료로 변환시키는 것을 의미하기도 합니다.

맨 위에 첫 줄로 표기한 것처럼 좀 더 쉽게 이해하기 위해서 다음과 같은 예를 통하여 이해해봅시다.

우리가 설거지를 하다보면 작은 그릇은 큰 그릇으로 포개집니다. 이처럼 사용데이터를 작은 그릇과 큰 그릇으로 설명해볼게요.

문자형 데이터를 가장 큰 그릇으로, 그 다음을 복소수형 그릇으로, 다음을 수치형 그릇으로, 마지막을 논리형 그릇으로 생각해보면, 논리형 그릇은 수치형이나 문자형 데이터의 그릇으로 변환하기가 쉬운 반면, 가장 큰 문자형 데이터 그릇은 수치형이나 논리형 데이터로 변환하는 것이 힘들다고 생각하시면 됩니다(물론 예외도 특수한 경우에는 나타날 수 있으나, 일반적인 경우를 가정하여 생각해주시기를 바랍니다).

사실 논리형 데이터는 TRUE/FALSE로 2가지로 대변되기 때문에 가장 작은 것이 당연하고 복소수형 데이터는 R에서는 다루지 않으니, 제외시키고 나면 수치형 데이터와 문자형 데이터만 남는데, 수치형 데이터에 “”를 붙이면 모조리 문자형 데이터로 변경되니, 손쉽게 이해하실 수 있습니다.

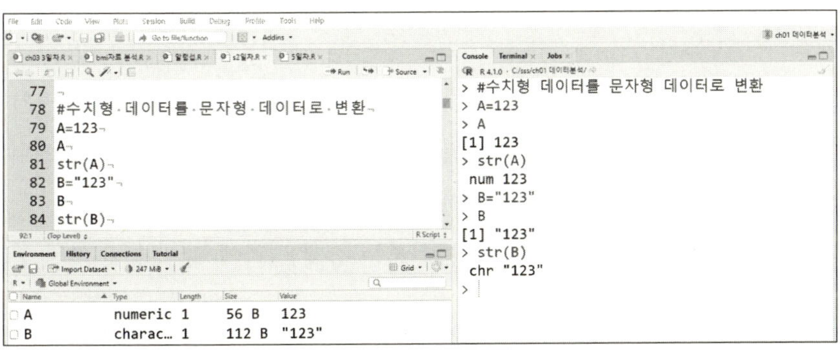

보시는 화면을 잠시 설명해드리면, A라는 변수에 123이라는 정수를 할당시키고 A를 물어보니 수치형이라는 numeric이라는 답을 해줍니다.

이번에는 B라는 변수에 123을 “”으로 표기하여 할당해주니 character라는 문자형 데이터라고 답을 해줍니다. 따라서 수치형보다는 문자형 데이터의 구성이 크다는 것을 아울러 설명해 드리며, 우리가 R에서 다루는 데이터는 모두 벡터값을 기본으로 사용합니다.

이에 따라서, 벡터의 속성을 이해하시면 좀 더 이해하기가 편한데, 벡터는 하나의 유형만 가질 수 있어요. 아래 그림으로 확인해볼게요.

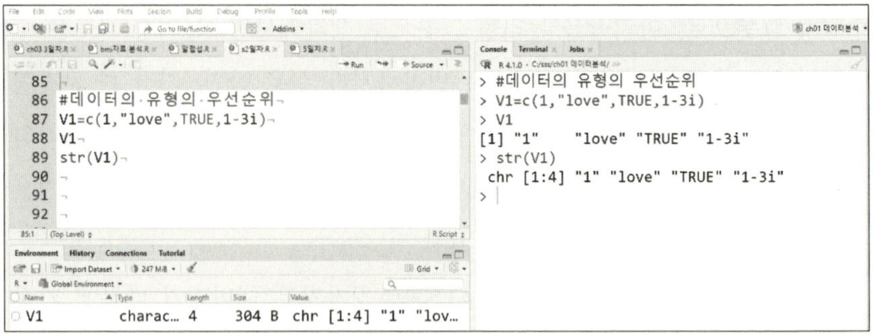

V1은 4가지의 유형을 입력하였습니다. 즉 4가지의 벡터값을 가지고 있다는 뜻이겠죠?

하지만 V1이라는 변수가 나타내는 최종의 유형 결과는 한 가지로 문자형임을 알 수 있습니다.

이렇게 해서 변수를 조정하여 데이터의 유형을 강제로 변환시키는 경우가 필요하여 데이터를 강제 변환하는 필요성이 대두되었고, 그런 이유로 데이터의 강제 변환하는 함수를 만들어 사용하도록 함수들이 등장합니다.

아래는 데이터의 유형을 강제로 변환하는 강제 변환에 관하여 몇 가지 함수를 정리해보았습니다.

가장 중요한 강제 변환으로 함수로는 실무 데이터를 분석시에 사용되는 "as.data.frame()"입니다.

함수명	내용	결과 처리
as.numeric()	수치형으로 변환	변환되거나 NA
as.integer()	정수형으로 변환	변환되거나 NA
as.character()	문자형으로 변환	변환되거나 NA
as.logical()	논리형으로 변환	변환되거나 NA
as.data.frame()	데이터 프레임형으로 변환	변환되거나 NA

데이터의 강제 변환을 이해하는 것 중 주의점을 다시 정리하면,

데이터 유형을 기준으로 우선순위가 하위 모형에서 우선순위가 상위 모형으로는 부드럽게 프로그램이 실행되며, 강제적으로 유형이 변환 됩니다.

우선순위가 상위 모형에서 우선순위가 하위 모형으로의 변환은 그 형태의 일부만 실행 가능합니다. 경우에 따라서 강제 변환이 변경되지 않을 수 있음을 꼭 염두하기를 바랍니다(설거지 그릇 생각하세요).

PART 3

R 데이터의 형태

1. 벡터
2. 요인
3. 행렬
4. 배열
5. 리스트
6. 데이터 프레임

학습 목표

- 데이터의 구조적 형태를 이해하고 특히 “데이터 프레임”은 반드시 알고갑시다.
- R 활용을 위한 벡터, 요인, 행렬, 데이터 프레임, 배열, 리스트의 연산을 알고갑시다.

학습 가이드 및 주요 함수

- R의 데이터의 형태를 실습을 통하여 학습해봅시다.
  - 주요 함수(length(), names(), c(), : == seq())
  - 벡터(vector)=1차원 데이터값
  - 요인(factor)=1차원 범주형 데이터값
  - 행렬(matrix),/데이터 프레임(data frame)= 2차원 데이터값
  - length(), / names(), / c(), / : == seq()

1 벡터

1차원 데이터를 이루는 자료는 벡터와 요인(factor)이 있습니다.

처음 다루는 벡터는 요인과 꼭 구분해서 사용하기를 당부드립니다.

우선, 벡터의 정의는 크기와 방향을 가지고 있는 양으로 정의하시고, 수학의 관점에서 벡터는 일반적으로 추상적인 벡터공간을 구성하는 원소로 기억하시기 바랍니다.

R에서는 일반적인 의미가 제한되어 사용되고 있다라고 생각하시면 될 것 같습니다.

R에서의 벡터는 사용 기준이 열로 되어 있으며(열벡터), 콘솔에 출력으로 나올 때는 공간의 활용성이나 프로그램의 화면 구성 특성 때문에 마치 하나의 행으로 나타납니다.

때문에, 연산시에는 당연히 열벡터 값이라고 기억하셔야 벡터를 연산할 때 이해가 쉬워요, 열벡터~~

벡터의 활용을 잠시 알아보면, 데이터에 대한 탐색적 통계분석이나 시각화 그래프를 작성/구성할 때 활용되는 데이터 형태로서 많이 활용됩니다.

(1) 벡터의 생성

c(), :, seq()의 쓰임을 이해합시다.

벡터의 생성시 그 특징이 다르니 간단하게 요령을 습득해야 합니다.

1) c( ) == combine==concatenate

사슬같이 잇다, 연쇄시키다, 〈사건 등을〉 결부(연결)시키다, 연관시키다라는 사전적인 의미를 갖고 있습니다. 그럼 c는 보자기로 살짝 묶는다고 생각하시면 됩니다. 이왕이면 같은 종류의 것을 간단히 아무런 제약 없이 벡터

동네에서 묶는 함수로 기억 바랍니다.

- c( ) 함수는 벡터를 생성하는 가장 손쉬운 대표 방법입니다.
- 유형별 특성으로 네 가지 유형(문자형_character 〉 복소수형_complex 〉 수치형_numeric 〉 논리형_logical)에 활용이 가능합니다.
- c()의 주요 특징은 크게 규칙이 없는 데이터로 구성된 벡터를 만들 때 사용합니다.
- 또한 규칙이 있을 경우에는 다른 기능을 이용하여 사용합니다.

옵션 고려 사항	사용 설명
데이터값을 콤마로 구분 “ ”,	• 기본적으로는 하나의 값을 콤마(,)를 기준으로 입력하면 두 개 이상의 데이터를 가지는 벡터가 생성됨 • 또한 두 개 이상의 값으로 이루어진 벡터를 콤마로 넣어도 최종적으로는 하나의 벡터가 되도록 해줌

실습을 통하여 수치형 벡터인 a1, 문자형 벡터인 a2, 논리형 벡터인 a3을 생성해봅시다.

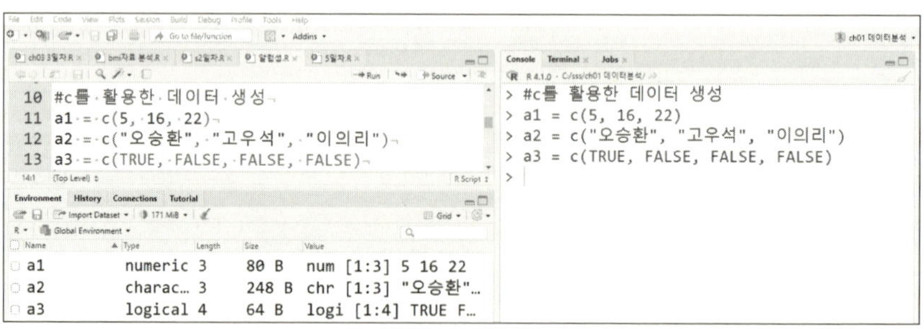

① 프로그램 실습시 체크포인트

- 변수 a1이 3개의 수치형으로 이루어진 벡터 확인/변수 a2는 3개의 문자형으로 이루어진 벡터 확인/변수 a3은 4개의 논리형으로 만들어진 벡터 확인

- 문자형 데이터인 a2에는 쌍따옴표를 사용 확인
- 논리형 데이터는 따옴표를 사용하지 않고 전체를 대문자로 사용함

② c 함수를 사용한 새로운 데이터 생성하는 법

c( ) 함수는 각각의 서로 다른 두 개의 벡터값을 하나로 통합하여 하나의 새로운 다른 벡터를 생성할 수 있습니다.

"백분이 불여일타." 먼저 보고 무슨 의미인지 살펴보죠.

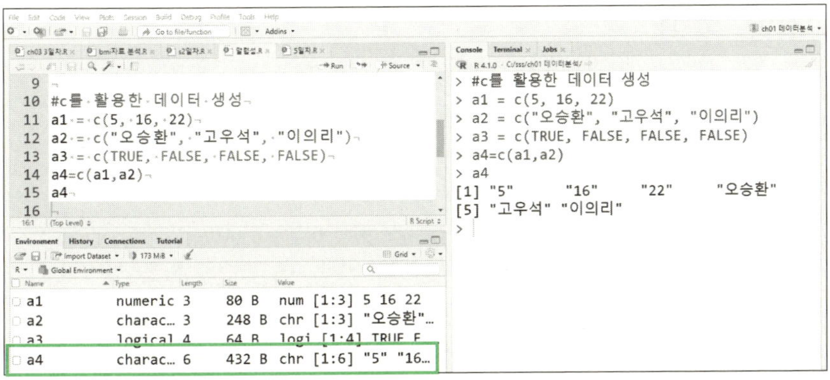

③ 프로그램 실습시 체크포인트

- a4 변수의 생성 확인
- a4 변수의 형태가 문자형인 것 확인/a1 변수의 수치형 데이터와 a2무자형 데이터를 합치 결과는 데이터의 우선순위에 따라서 문자형 데이터로 형성된 것을 확인

그럼 화면을 보면 a4라는 문자형 데이터인 "5"라는 문자앞에 있는 [1]이란 것은 무엇을 의미하는 것일까요?

그것은 해당 자리가 몇 번째 있는지의 위치를 나타냅니다.

그럼 벡터는 단순히 연산기능을 위해서 배우는 것은 아닙니다. 벡터의 활용 및 처리는 데이터 추출의 백미라고 말할 수 있습니다.

그럼 몇 가지 데이터를 추출하여 실습해보겠습니다.

| 문 1 | 저는 a1의 데이터 중 5라는 수치형 데이터를 불러오고 싶습니다.

a1의 5는 수치형이라고 하고, a4의 "5"는 문자형 데이터라고 해서 지금 이해가 안 되는 분들은 한 가지만 기억하시면 됩니다. 1, 2, 3으로 나타난 데이터는 수치형 데이터로 사용되고, "1", "2", "3"으로 "수치형"을 취하면 문자형 데이터로 변환되는 것, 데이터 변환의 기본입니다.

다시 문제로 돌아가서 답을 찾아봅시다.

정답 : a1[1]

2) : == 등차수열(1씩 증가?/1씩 감소?/start:end 구분)

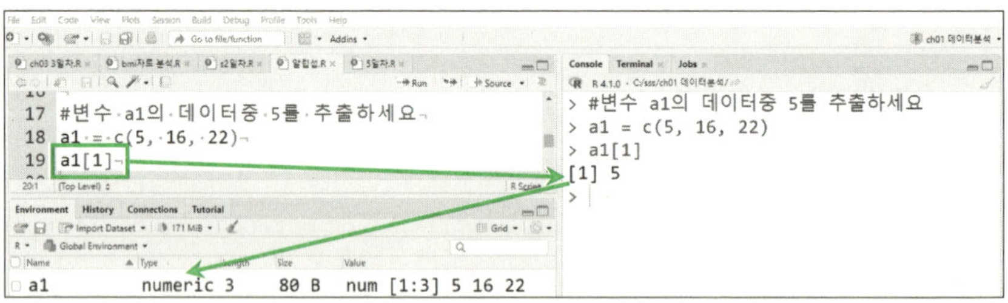

- 콜론(:)은 주로 수치형에만 적용됨.
- 사용 방법은 처음 시작 수치:마지막 수치가 중요합니다. 수치의 크기에 따라서 결과가 오름차순으로 나올지 내림차순으로 나올지가 결정되기 때문에 무척 중요한 부분입니다.

  따라서, start:end 구조로 사용된다고 이해하시고, 그 수치의 결과 분포값이 1씩 증가, 혹은 1씩 감소되는 법칙이 있는 데이터로 이루어진 벡터를 만들 때 사용한다라고 정의하면 됩니다.
- 함수의 시작은 start 기점에서 출발하여 end 종료지점을 넘지 않는다라는 대원칙으로 구성됩니다.
- start 〉 end이면 1씩 감소 == 내림차순

• start 〈 end이면 1씩 증가 == 올림차순

① v1 = 1:5(1부터 5까지 1씩 차이가 나게 오름차순 등차수열을 구해주세요)

• 시작점은 1, 끝점 5입니다.

• start 〈 end의 구조이므로 1씩 증가하는 오름차순입니다.

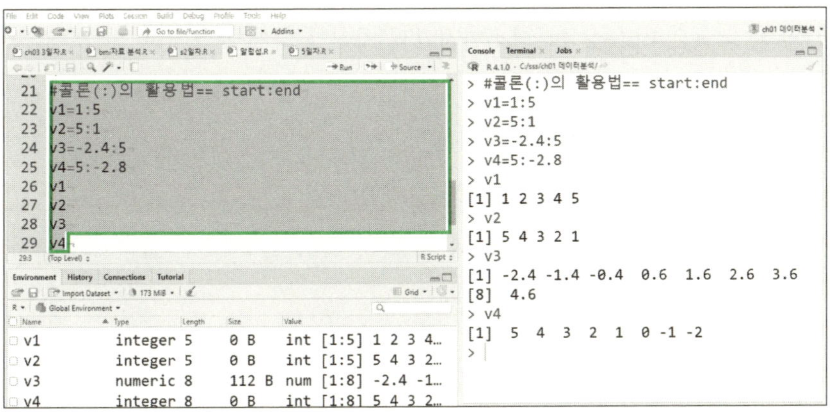

• 요기가 중요한 부분입니다. start 기점으로부터 출발해서 end 기점을 넘지 않을 때까지 그 변화량이 1씩 증가하는 수치형 벡터로 구성된다는 내용이기 때문에, 최대한 5라는 범위는 넘지는 않는다는 것을 인지해야 합니다. 1~5까지 1씩 증가하는 오름차순형 수치형 벡터가 생성됩니다. 결과적으로 v1의 결과 값은 수치형 데이터 1, 2, 3, 4, 5로 구성되었습니다.

② v2 = 5:1(5부터 1까지 1씩 차이가 나게 내림차순 등차수열을 구해주세요)

• 시작점은 5, 끝점 1입니다.

• start 〉 end의 구조이므로 하므로 1씩 감소하는 내림차순입니다.

- start 기점에서 출발하여 end 지점을 넘지 않으며, 1씩 감소하는 수치형 벡터로 구성된다는 내용이기 때문에, 최대한 1이라는 범위는 넘지 않는다는 것을 인지해야 합니다.

결과적으로 v2의 결과값은 수치형 데이터 5, 4, 3, 2, 1로 구성되었습니다.

③ v3 = −2.4:5(−2.4부터 5까지 1씩 차이가 나게 오름차순 등차수열을 구해주세요)

- 시작점은 −2.4, 끝점은 5입니다.
  start 〉 end의 구조이므로 1씩 증가합니다.
- v3 −2.4, −1.4, −0.4, 0.6, 1.6, 2.6, 3.6, 4.6까지만 출력되고, 5.6은 5를 넘기 때문에 제외됩니다.

④ v4 = 5:−2.8

〉[1] 5, 4, 3, 2, 1, 0, −1, −2

그럼 v4의 데이터 중 5부터 -1까지 추출하려면 어떻게 할까요?

지금 배운 콜론(:)을 사용해서 간단히 코딩해보세요.

정답1 : v4[1:7] #v4의 데이터 1~7번째 자리까지를 추출해라.

위처럼 생각하셨나요? 잘~~ 하셨어요. 그런데, 이런 방법도 있습니다. "1~7번째까지 추출해라"라고 생각해도 좋지만, "마지막 8번째 자리만 빼고 다 선택해서 추출해라"라고 생각하신다면 아래처럼 코딩할 수 있습니다.

정답2 : v4[−8]

#v4의 데이터 중 8번째 자리를 제외하고 추출하세요, 실무에서는 지금처럼 많이 사용합니다.

결론적으로 콜론(:)은 추출할 때 데이터를 연이어서 불러오거나 한꺼번에 나열할 때 사용됩니다.

3) seq()

seq() 함수는 콜론(:)과 sequence() 함수와 같은 의미로 사용됩니다.

간단히 살펴보자면, seq( ) == : == sequence() 모두 등차수열을 나타내는 함수로 보시면 되는데, 그 사용 형태가 조금 차이가 날 뿐 같은 의미로 이해바랍니다.

seq() 함수의 차이점을 설명드릴게요. 콜론(:)이 1씩 증가하거나 감소하는 수치형 데이터를 나타냈다면, seq() 함수는 2 또는 3 차이 나거나 다양한 차이를 표현하는 수치형 데이터를 나타낼 수 있습니다.

seq()	내용 설명
from	시작하는 데이터값 입력(~부터)
to	끝나는 데이터값 입력(~까지)
by	차이나는 간격 수치를 입력(얼마씩), 감소할 때는 음수 부호 동반

| 예제 1 | k1 = seq(from=1, to=3, by=1)

해석 : 1부터 3까지 1씩 차이(증가)가 나게 순서대로 k1의 변수에 할당하세요.

〉k1

〉[1] 1.2.3

| 예제 2 | k2 = seq(from=1, to=5, by=0.5)

해석 : 1부터 5까지 0.5씩 차이(증가)가 나도록 순서대로 k2에 할당하세요.

〉k2

〉[1] 1.0, 1.5, 2.0, 2.5, 3.0, 3.5, 4.0, 4.5, 5.0

| 예제 3 | k3 = seq(from=5, to=1, by=0.5)

해석 : 5부터 1까지 0.5씩 차이(감소)가 나게 순서대로 k3에 할당하세요.

그런데, 0.5씩 감소시켜야 하므로 함수식의, by의 부호를 −0.5로 지정해야지만 정확한 수치형 데이터를 구할 수 있습니다.

양수이기 때문에 에러(error)가 발생하였습니다.

따라서, k3 = seq(from=5, to=1, by=−0.5)로 정정 바랍니다.

〉k3

〉Error in seq.default(from = 5, to = 1, by = 0.5) :

'by'인자내에 잘못된 부호가 있습니다.

〉k3 = seq(from=5, to=1, by=−0.5)

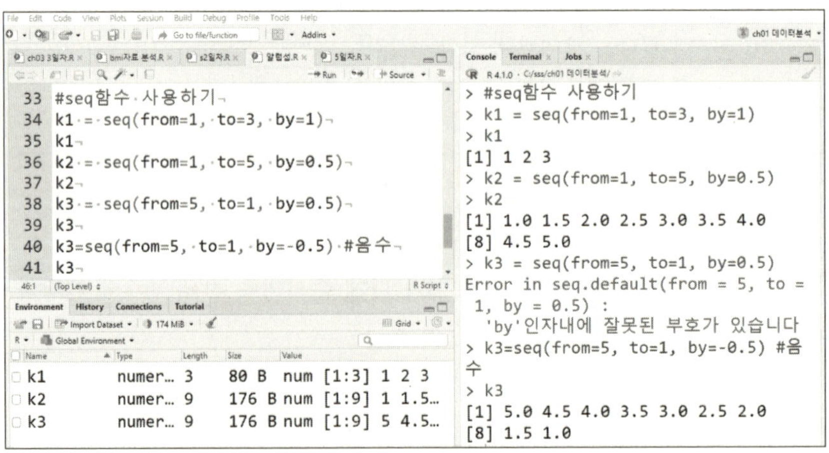

아울러, 몇 가지 seq( ) 함수를 사용함에 있어서 주의할 점을 요약해보면 다음과 같습니다.

- R 프로그램 코딩할 때 옵션값으로 주어지는 from, to, by는 생략하지 말고 사용 바랍니다.

- 특히, from, to, by의 순서가 바뀌어도 영향을 주지는 않지만, 순서 또한 지켜주시기 바랍니다(다른 사람이 여러분 코딩값을 참조하여 코딩할 수 있으므로 하나의 약속이라고 생각해주기 바랍니다).

※ 여기서 잠깐!!

본격적인 코딩이 시작되기 전 사전에 한 가지는 약속하고 진행하려 합니다. 우리가 쓰는 데이터는 이제 우리가 지정한 폴더를 하나 만들어서 그곳에 보관하고 꺼내오고 분석한 결과도 그 폴더에 지정해서 하나로 몰아서 써봅시다.

즉, "워킹 디렉터리를 만들어서 사용합시다~~"라는 말을 한 거예요.

그럼, 만들어봅시다.

① 워킹 디렉터리 만들기

- 워킹 디렉터리 만들기 전 화면을 확인합니다. Project:(None)을 확인합니다.

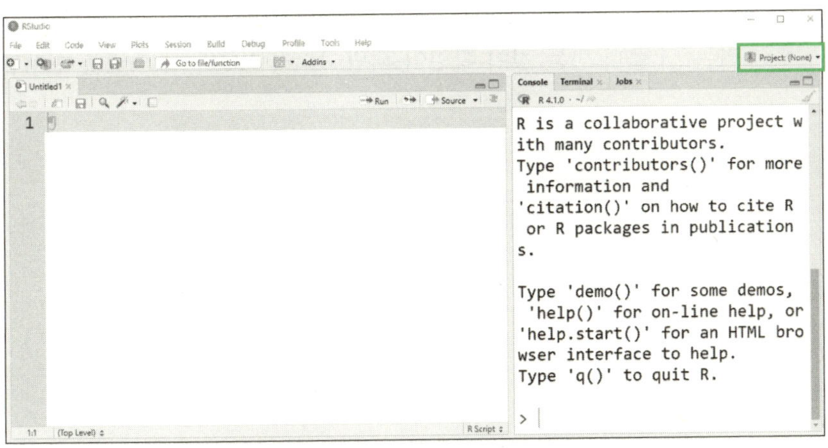

• getwd() : 현재 해당 디렉터리를 확인합니다.

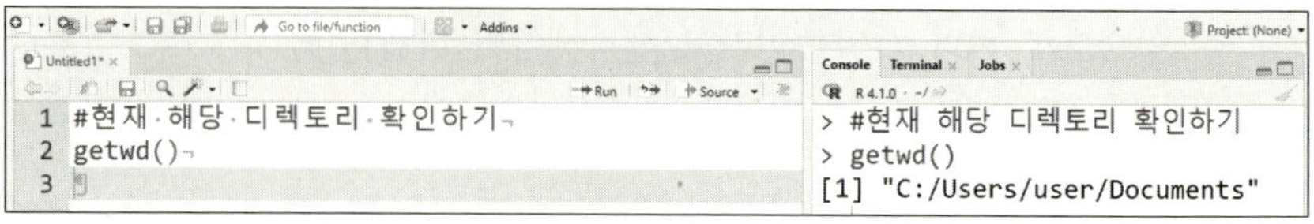

• 〈R STDIO를 활용한 wd 만들기〉 c: 드라이브에 sss라는 새로운 폴더를 만듭니다.

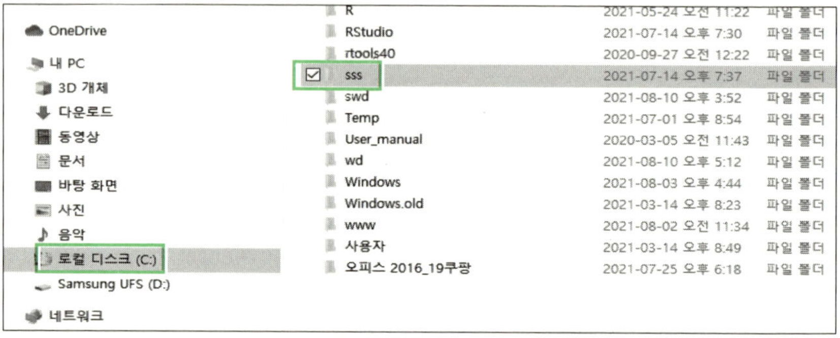

• sss라는 새 폴더 만든 것이 확인이 되면, R STDIO의 첫 화면을 실행합니다.

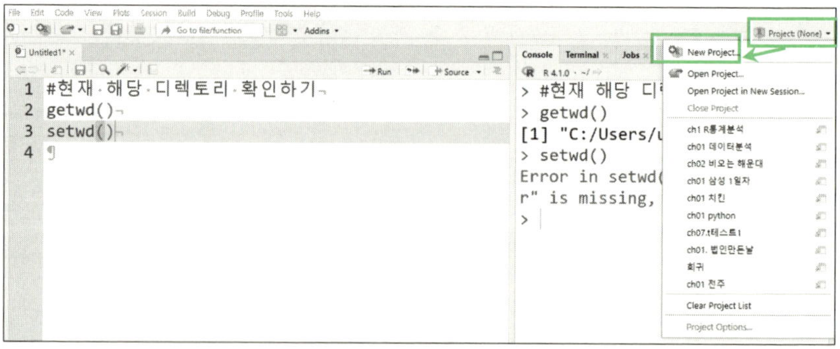

• 좌측 상단의 Project:(None)를 클릭합니다. 그러면 New Project를 선택 후 클릭하면 아래의 그림처럼 나옵니다.

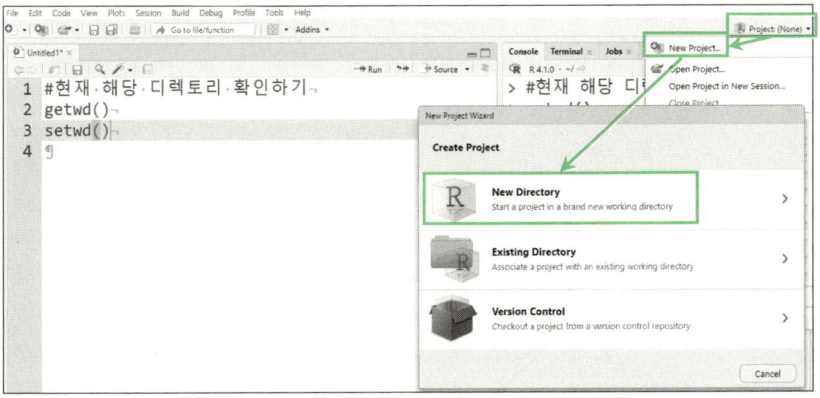

• R은 프로젝트 단위로 생성 가능합니다. 그리고, 각각 프로젝트 안에는 스크립터로 각각 실행 코드를 작업할 수 있는 작은 방단위로 나눌 수 있습니다.

• Project Type의 새로운 프로젝트로 시작하기 위해서 New Project를 선택합니다.

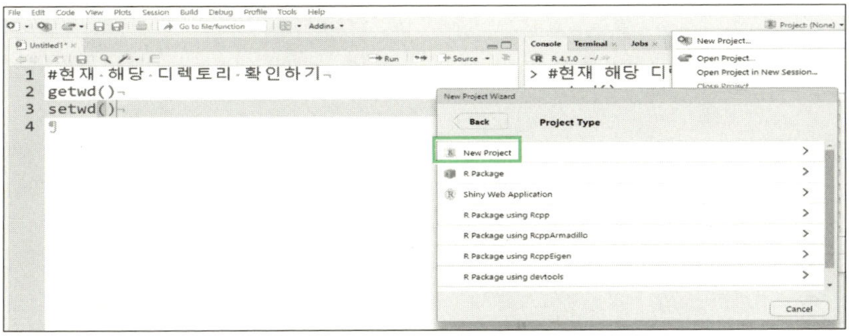

• 디렉터리 네임에는 여러분이 쓰고 싶은 이름으로 해주세요.
저는 "ch01 빨간짬뽕"이란 이름으로 적었어요.

• 다음 칸의 Browse란에는 미리 만들어놓은 c:/sss 폴더를 지정할게요.

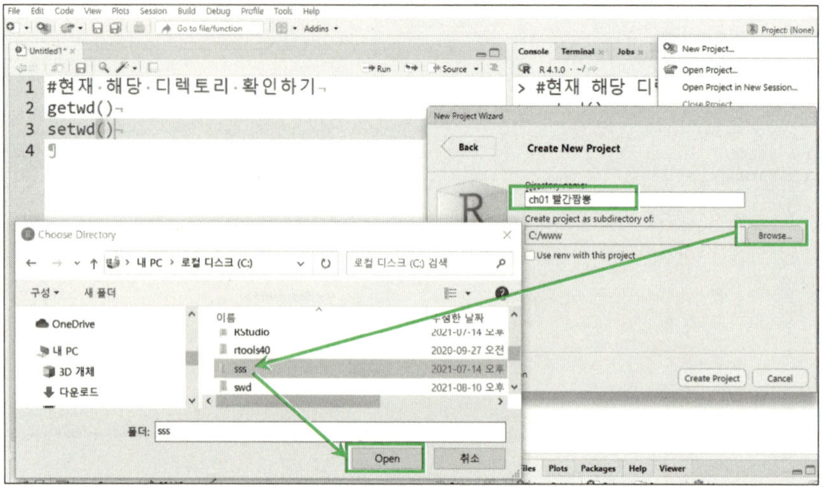

• sss 폴더 생성 후, open 버튼을 누르면 아래 그림과 같이 나타납니다. Create Projet 버튼을 최종으로 누르면 wd(워킹 디렉터리)가 완성됩니다.

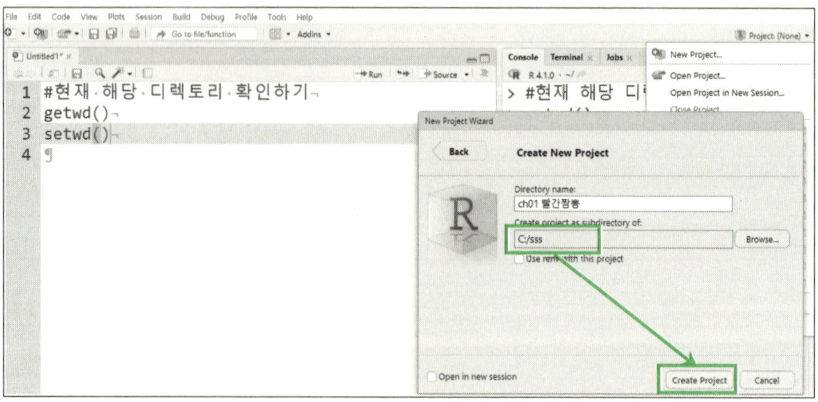

• 완성된 화면은 다음과 같이 나옵니다. 화면에 표기된 부분이 똑같이 나오는지를 꼭 확인 바랍니다.

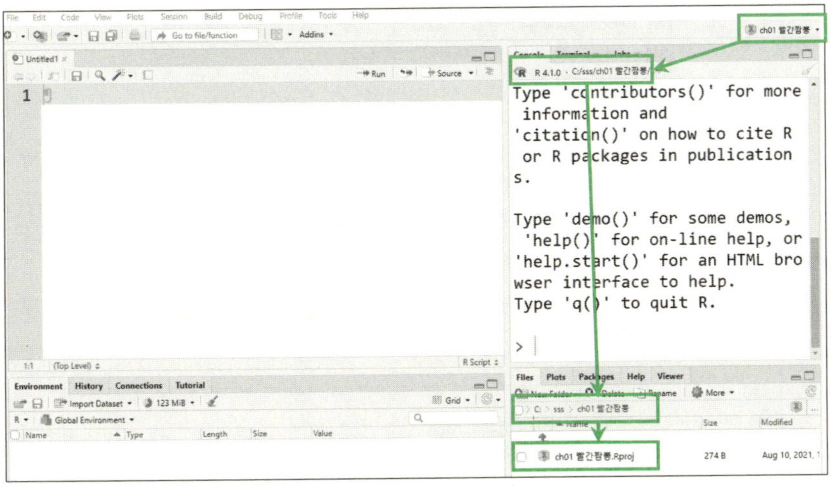

이제 우리는 c:/sss/ch01 빨간짬뽕 프로젝트를 시작할 수 있습니다.

② 워킹 디렉터리 생성 후 개별 스크립터 만들기

- source 창의 Untitled1*의 이름을 단무지로 변경해볼게요.

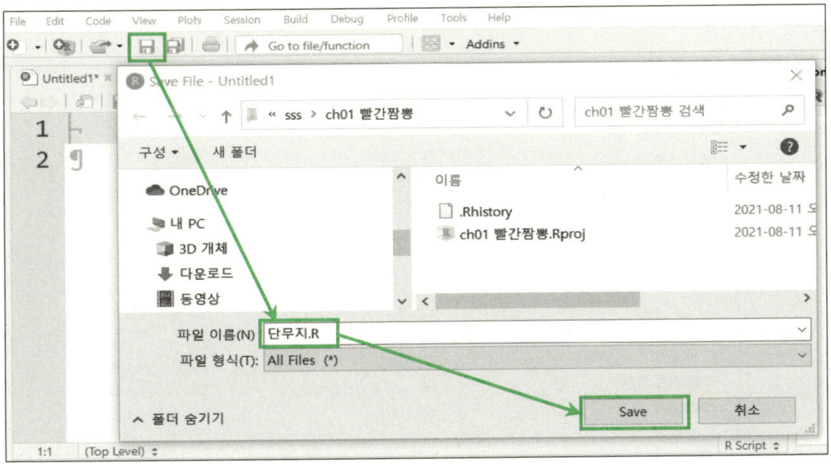

- 저장 버튼 – 스크립터명 작성(단무지.R) 후 Save 버튼을 누르고 반영됐음을 확인합니다.

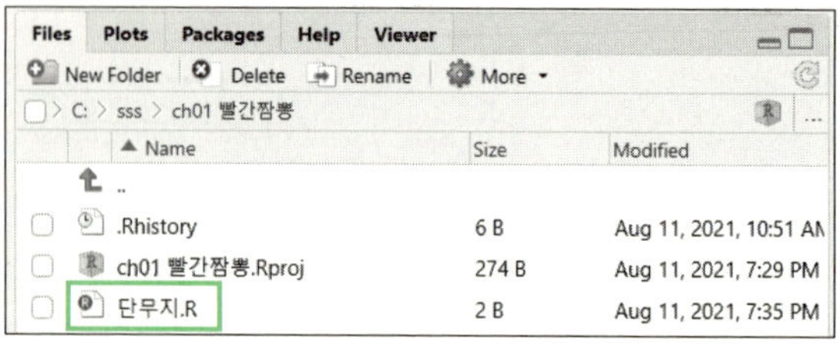

• 새로운 스크립터 추가해보기 [파일 – new file – R Script]

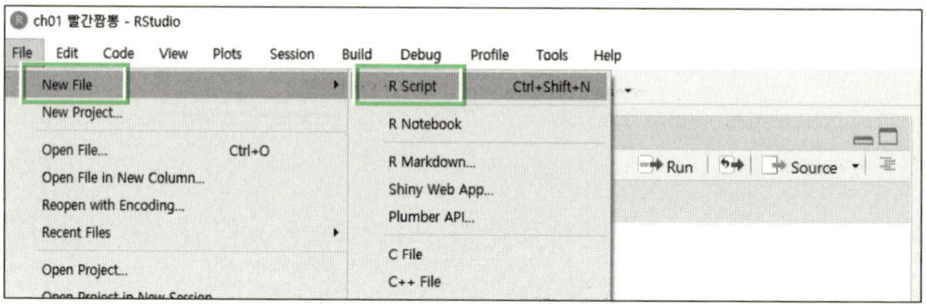

• 추가로 "왕만두"라는 스트립터를 만들어봅시다.
"파일 – new file – R Script"를 선택 후 파일이름에 "왕만두.R"을 입력합니다.

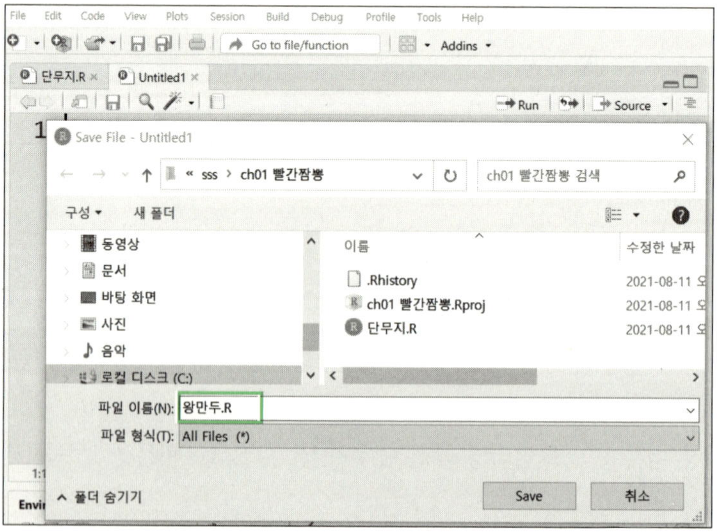

• 왕만두 스크립터 확인

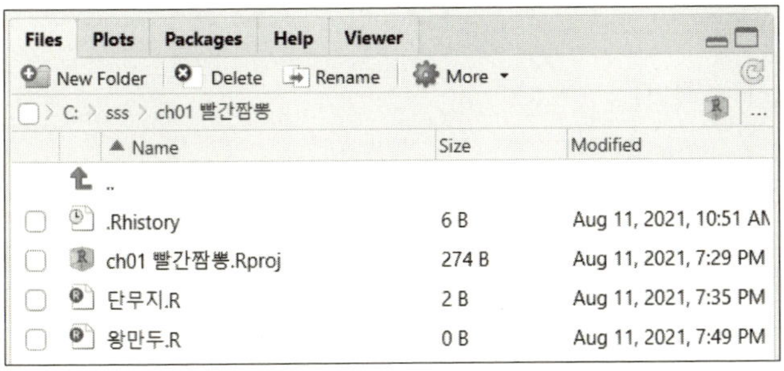

• Delete와 Rename을 이용하여 삭제와 이름을 변경할 수 있습니다.

(2) 벡터의 속성==(유형 + 개수 + 이름)

어느 날 홍콩반점에 귀여운 유치원 어린이들이 방문했습니다.

주방장은 집에 있는 아들이 생각나서 어린 손님에게 군만두를 주며, 살며시 물어봅니다.

혹시, 어느 유치원 무슨 반(유형)이니?, 몇 살(개수)이야? 이름(이름)은 뭐니?

그리곤, 주방으로 가서 신나게 빨깐짬뽕을 만듭니다.

벡터의 속성을 살펴보면, 크게 3가지로 간단히 설명 가능합니다.

우선 벡터의 데이터 유형이 있고, 데이터 개수, 즉 길이를 나타내는 것과 데이터 이름이 무엇인지를 합쳐서 속성이라고 합니다(유형+개수+이름).

데이터의 이름의 경우에는 새롭게 지정 가능합니다.

1) 데이터의 유형

데이터의 유형을 알아보는 함수는 다음과 같습니다.

그중에서 최고는 str() 함수인 것을 꼭 기억해주세요.

mode(), is.numeric(), is.character(), is.logical(), is.complex() 함수를 사용합니다.

mode(벡터)

is.numeric(벡터)

is.character(벡터)

is.logical(벡터)

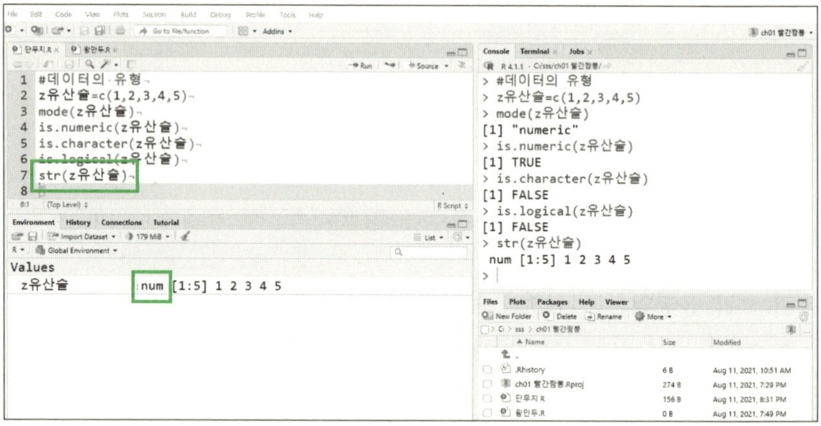

2) length() 함수를 사용한 데이터의 개수

length(벡터)

3) 데이터의 이름은 2가지 뉘앙스로 사용됩니다

① 데이터 이름이 뭐니?

② 이제 이름으로 하세요.

names() 함수를 사용하는데 벡터의 데이터 각각에 이름이 있으면 문자형 형태로 알려주고, 이름이 없으면 NULL으로 나타냅니다.

이름을 붙여줘야 할 경우에는 c() 함수를 활용하여 이름을 지정할 수 있습니다.

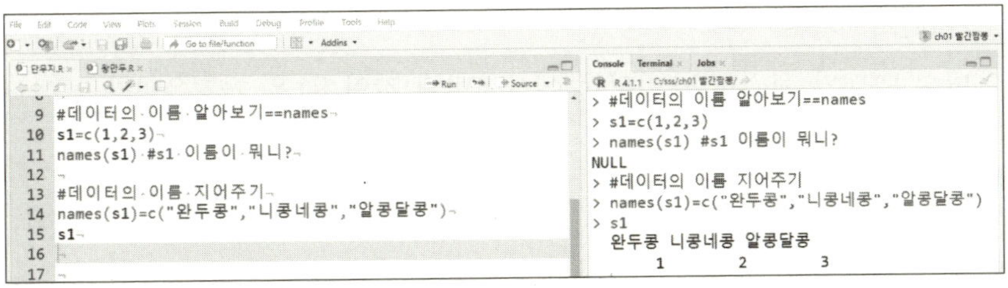

4) 데이터의 추출

데이터 전처리의 꽃인 데이터 추출을 해보겠습니다.

① 사용 기호 : 데이터를 추출할 때는 대괄호([ ])를 사용합니다.

② 사용법 : 대괄호 안에 [양의 정수]를 입력합니다.

양의 정수는 데이터의 위치인 몇 번째 자리에 존재하는지를 의미합니다. 데이터 추출 옵션으로 벡터 생성시 배웠던 몇 가지 함수가 아주 중요하게 같이 사용됩니다. c(), :, seq(), sequence()가 많이 사용됩니다.

③ 백문이 불여일타! 즉시 실습해보고 한 가지 팁을 소개해드리죠.

| 실습 1 | 짜장의 귀족 이연복 쉐프의 목란에 미슐랭 평가관 5명이 들어와서 음식 맛을 평가하여 다음과 같은 결과를 보내왔습니다.

5명의 평가 점수는 77, 81, 88, 94, 93점입니다.

평가관이 자리를 떠나고, 종이에 남은 점수를 추출해보기로 합니다.

ppt라는 변수를 만들어서, 일부의 점수를 추출하면 다음과 같습니다.

```
>ppt = c(77, 81, 88, 94, 93)
>ppt[1]
```

ppt라는 변수의 데이터 중에서 처음 데이터인 77을 가져옵니다.

유일하게 R 프로그램만이 데이터값이 위치한 자리(INDEX 위치를 말함)를 지정할 때, 처음 위치를 1부터 시작합니다.

따라서, R의 위치 지정값은 1, 2, 3, 4, 5… 순서로 출력되고, 파이썬 등의 프로그램은 0, 1, 2, 3, 4, 5… 순서로 출력됩니다.

〉ppt[2]

변수 PPT가 보관한 데이터 중에서 2번째 값인 81을 가져옵니다.

〉ppt[1:3]

변수 PPT가 가지는 데이터 중에서 1, 2, 3번째에 있는 데이터인 77, 81, 88을 출력합니다. 데이터를 연속적으로 불러오는 경우에는 :(콜론) 사용을 추천드립니다.

〉ppt[c(1, 3, 5)]

변수 PPT가 가지는 데이터 중에서 1, 3, 5번째 있는 데이터인 77, 88, 93을 출력합니다. 추출을 원하는 데이터가 연속으로 있지 않고, 일반적인 규칙이 주어지지 않은 경우에는 c() 함수를 활용하여 해당 위치를 지정하여 사용하면 됩니다.

〉ppt[-c(1, 3, 5)]

변수 PPT가 가지는 데이터 중에서 1, 3, 5번째 있는 데이터인 77, 88, 93을 제외하고 출력합니다. 81과 94를 출력합니다. 이 방법이 실무 데이터를 사용할 때 자주 사용되는 방법으로 특히, 머신러닝의 데이터 세트를 만들 때, 학습용 데이터와 테스트용 데이터를 주로 7:3으로 분리하여 데이터 세트 구성시에 주로 [-tran 변수] 형태로 자주 사용됩니다.

조금 자세히 설명드리면 아래와 같아요(아직 참고만 하세요).

〉 idx=sample(1:nrow(iris), size=nrow(iris)*0.7, replace=F) #무작위 추출 인덱스 생성

〉 iris_train=iris[idx,] #생성된 인덱스를 이용, 70%의 비율로 학습용 데이터 세트 추출

〉 iris_test=iris[-idx,] #학습용에 사용되지 않은 데이터를 평가용 데이터 세트로 지정

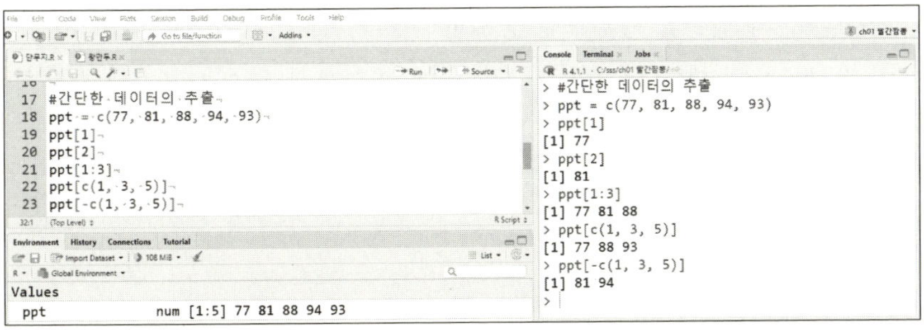

5) 벡터의 연산=벡터 간의 사칙연산==무조건 된다

"벡터와 벡터 간에 사칙연산은 무조건 할 수가 있다"라는 전제로 이 절을 이해해주시기 바랍니다.

벡터들이 가지고 있는 길이가 다르든 같든 간에 연산은 이루어집니다.

벡터들 간의 연산을 활용하여, +. −, *, /를 통한 새로운 데이터를 형성하는 벡터를 생성 가능합니다.

마치 srt 고속열차처럼 벡터의 연산은 빠르고 편리합니다.

그럼 연산하기 전에 두 가지 경우를 가정하여 설명해드리죠.

① 벡터의 길이가 동일한 경우를 알아봅시다

〉v1=c(1,2,3) #v1의 길이는 3

〉v2=c(10,20,30) #v2의 길이는 3

〉str(v1) #v1의 데이터 구조를 알려줘~~

〉str(v2) #v2의 데이터 구조를 알려줘~~

〉v3=v1+v2 #v3는 v1+v2한 결과를 v3에 할당해주세요

〉v3 #v3의 데이터를 알려줘~~

〉11,22,33 #11, 22, 33입니다.

즉, 정리하면 v1, v2의 벡터들 간의 길이가 동일하게 주어진 경우엔 v1, v2벡터들 간의 사칙연산이 가능합니다. 마지막 결과(v3)는 벡터로 나타납니다.

벡터들 간의 연산을 살펴보면 동일한 위치의 열을 기준으로 계산되는 열벡터 방식이라고 말할 수 있는데, RStudio의 구조상 행으로 표기된 점을 알고 있어야 합니다.

따라서, "행벡터 기준의 동일한 위치의 값들 간의 연산은 된다"라고 기억해주기 바랍니다.

수치형 데이터인 v1과 v2를 기준으로 v1 + v2의 연산을 하면, v1[1] + v2[1]의 연산이 됩니다. 이때, 위치가 동일한 것을 주의하여 봐주세요. 같은 위치에서 바라보고 있는 대상이 같아야 계산이 됩니다.

v1에는 1, 2, 3을 가지고, v2는 10, 20, 30을 각각 변수로 만들어서 데이터를 입력 후에 사칙연산을 하면 아래와 같습니다.

〉v1 + v2 #더해주고

〉v1 - v2 #빼주고

〉v1 * v2 #곱해주고

〉v1 / v2 #나눠주고

결국, 길이가 동일하면 같은 위치의 수치형 데이터끼리 계산은 됩니다.

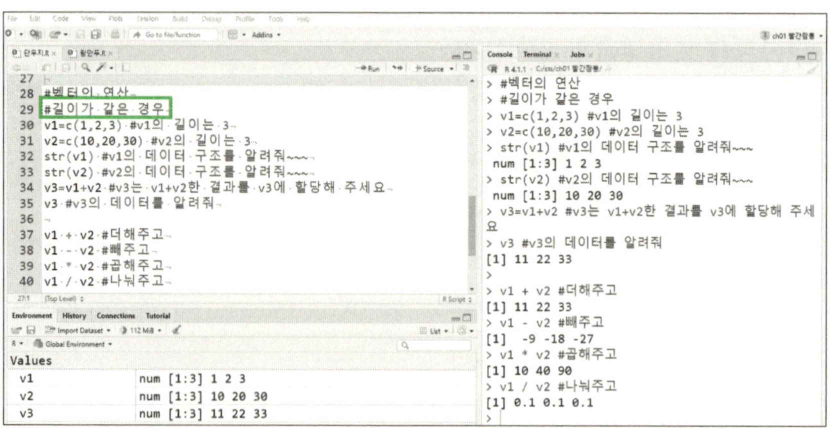

② 벡터의 길이가 다른 경우=연산된다

두 벡터가 가지는 데이터의 개수가 다른 경우도 연산은 됩니다. 과연, 어떤 패턴으로 연산이 이루어지는지 그 과정을 알아봅시다.

마치 아메바처럼 자기 몸을 나누어서, 데이터의 길이가 작은 쪽이 배양증식을 하듯, 큰 쪽의 개수를 맞추는 방식을 취하고 있습니다.

기본적으로 복제하듯이, "벡터 자체는 변하지 않지만 연산 과정에서 데이터의 개수가 적은 쪽의 벡터는 데이터 개수가 많은 쪽의 벡터와 동일하게 데이터의 개수를 맞추는 개념으로 연산이 진행됩니다"라고 대부분 설명이 되었는데, 실습을 통하여 쉽게 접근해 보겠습니다.

〉z1=c(1,2,3)

〉z2=c(1:6)

〉z1

〉z2

〉z3=z1+z2

〉z3

〉2,4,6,5,7,9

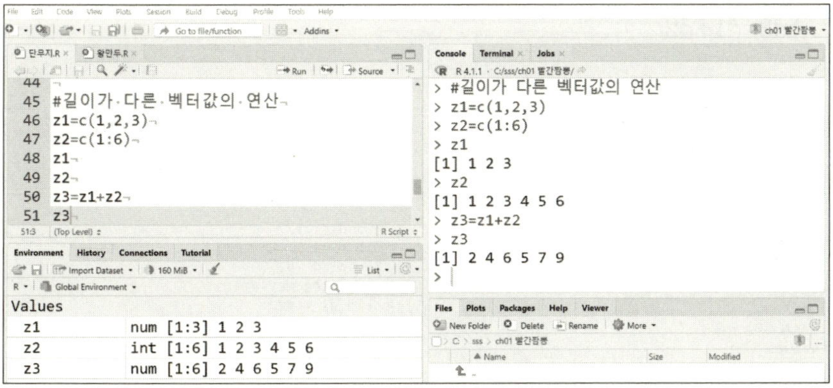

z1의 데이터 생성을 자세히 알아보면 z2의 6개의 데이터를 기준으로 서로

연산을 하기 위하여 z1의 3개의 데이터는 6개의 데이터로 추가 생성되었습니다.

이렇게 추가 생성된 값은 원래 z1이 가지고 있던 데이터를 순차적으로 생성하게 됩니다.

이것을 재사용 규칙(recycling rule)이라고 정의하고 있습니다.

- z1과 z2의 데이터를 확인 결과 데이터의 개수가 다른 것을 인식함.
- z1과 z2의 데이터를 연산할 경우 작은 쪽인 z1의 개수를 z2에 개수에 동일하게 생성함.
- 동일 개수의 데이터를 확인 후 열벡터 방향으로 연산을 진행
- 추가 데이터를 생성한 것을 재사용 규칙(recycling rule)이라고 함.
- 두 변수의 데이터 개수가 배수 혹은 약수의 관계이므로 경고 메시지(warning message)를 발생하지 않고 자동으로 연산 진행함.

만약, 데이터의 개수가 배수의 관계가 아니면 어떻게 진행되는지 실습해 봅시다.

```
>d1=1:2
>d2=1:5
>d3=d1+d2
```

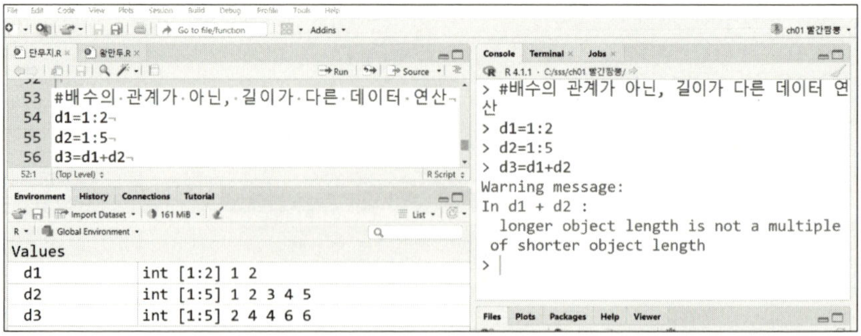

경고 메시지(warning message)가 발생

Warning message:

In d1 + d2 :

longer object length is not a multiple of shorter object length

연산 결과 경고 메시지가 발생하였습니다.

R 프로그램 코딩 중 경고 메시지가 나오면 주의하라 정도로 여기면 됩니다.

대다수 R 입문자들이 얼마 지나지 않은 상태에서 경고 메시지가 나오면 당황하는 경우가 발생합니다.

지금 연산 중 나온 경고 메시지는 재사용 규칙이 동일하게 적용되어 진행하였는데, d1과 d2 간의 해당 벡터의 데이터들 사이의 관계가 약수/배수의 관계가 아니기 때문에 잘 살펴보라는 의미입니다.

2 요인

벡터 동네에서 놀이가 끝났으니, 이제 factor 동네로 넘어와서 놀아봅시다.

factor는 요인으로 해석되는데, "생물학적 현상을 일으키는 원인(퓨처값, x값, 설명변수)이나 조건이 되는 요소"라고 지칭합니다.

우리는 이 요소/요인을 이해하기 위하여 기본적인 몇 가지 약속을 하고 알아봅시다.

요인(factor)은 벡터와 같이 1차원 데이터 구조로 질적 자료라고 합니다. 범주형 데이터로 사용됩니다.

요인(factor) 종류에는 명목형 자료(factor)와 순서형 자료(ord.factor)로 구분됩니다.

요인(factor)은 활용에 있어서 범주형/집단자료로 변환시켜서 통계분석에 이용되는 factor() 함수의 사용 방법과 명목형 자료와 순서형 자료를 구분하는 기준을 명확히 이해해야만 됩니다.

그럼 factor() 함수의 사용법과 옵션값을 살펴봅시다.

(1) factor() 함수

옵션	사용법
x	벡터를 선택합니다.=값 선택
levels	범주/그룹/집단으로 선택할 문자형 벡터를 지정합니다.=그룹 선택
labels	levels에 대한 문자형 벡터의 집단이름을 붙이듯이 사용합니다.=이름 지정
ordered	levels에 대해 순서나 차례가 필요한 자료라고 판단되면 TRUE를 지정합니다.

factor() 함수의 사용시 명목형 자료로 사용할지 순서형 자료로 사용할지 모두 분석가의 마음 먹기에 달려 있습니다. 분석의 목적이 무엇인지에 따라서 고민해서 ordered를 사용할 것인지 아닌지가 결정되니 분석의 목적을 잘 기억 바랍니다.

기쁘다 구주오셨네~~(구하는 값이 뭐니? 주어진 값이 뭐니?)

(2) factor() 함수의 사용 실습

factor() 함수를 설명하기 가장 좋은 샘플 데이터는 성별 데이터와 혈액형 데이터를 예로 들어서 주로 설명합니다. 왜냐하면, 범주형을 설명하기에 성별이란 남/여 데이터로 구분이 편하고 이해하기 쉽기 때문입니다.

혈액형 또한, A, B, AB, O형 등이 구분이 명확하여, 범주형 데이터를 설명하기에 좋은 자료입니다.

① 5명의 주어진 성별을 나타내는 데이터를 gender라는 변수로 벡터값으

로 저장 후, gender라는 벡터를 요인(factor)으로 변환해봅시다.

〉gender = c("m", "f", "f", "m", "f") #5개의 성별 데이터를 gender라는 변수에 할당함.

〉gender #gender라는 변수를 출력함.

〉gender_factor = factor(gender) #gender라는 변수의 값을 요인으로 변환시켜 gender_factor라는 변수로 할당함.

〉gender_factor #gender_factor를 출력함.

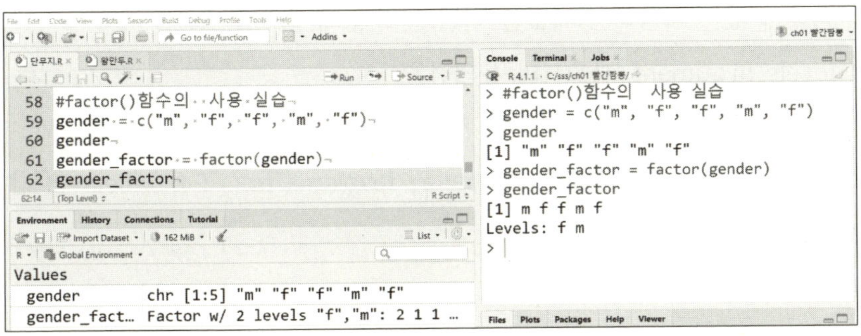

② levels() 함수는 gender_factor가 가지고 있는 그룹이 몇 개인지?, 이름은 무엇인지를 알려준다.

③ 만약에 데이터의 변환이 생겨서 gender_factor를 혈핵형 데이터로 바꿀 일이 생기면 다음처럼 변환할 수 있다.

#이름을 변경하고 싶으면 c() 함수를 활용해봅시다.

〉levels(gender_factor) = c("A형", "AB형", "B형", "O형","RH-형") #새로운 데이터로 입력

〉gender_factor #데이터를 확인함.

[1] AB형 A형 A형 AB형 A형

Levels: A형 AB형 B형 O형 RH-형

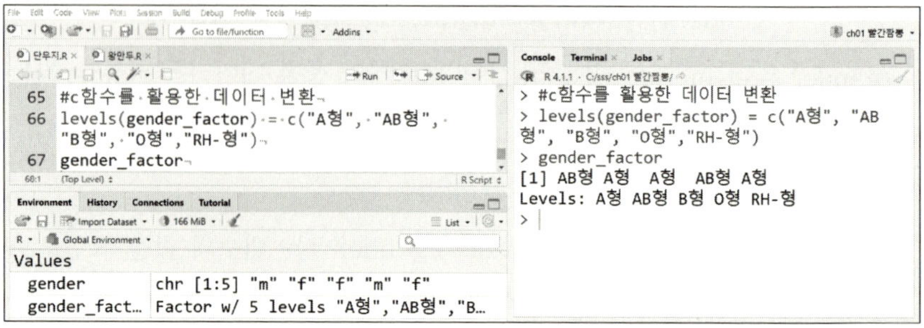

④ labels argument 사용시의 유의점

벡터에 있는 각각의 관측값을 다른 문자형 유형으로 변환할 경우

levels argument 사용시의 유의점은

어느 집단/그룹을 먼저 인식할 것인지를 결정

〉gender_factor2 = factor(gender, levels=c("m", "f"), labels=c("남자", "여자"))

〉gender_factor2

3 행렬

행렬의 개념을 먼저 알아봅시다.

행렬(matrix)로 나타내는 2차원 데이터의 형태가 행(row)과 열(column)로 구성된 정형 데이터 자료를 의미합니다.

벡터의 확장 개념으로 생각하시면 쉬워요. 그런데 벡터의 값이 행 방향으로도 있고 열 방향으로도 나열된 자료입니다.

행렬은 2차원의 데이터 자료라고 알려드렸는데요. 2차원 자료 중 데이터 프레임도 있다고 기억해 주세요(데이터 프레임 자를 제일 많이 다루게 됩니다).

행렬을 생성하는 방법에 대하여 알아볼게요.

(1) 행렬을 생성하는 함수

〉rbind() # r(row) + bind

〉cbind() # c(column) + bind

〉matrix()

rbind() : 벡터를 행 방향으로 묶어주는 함수

cbind() : 벡터를 열 방향으로 묶어주는 함수

matrix() : 행렬을 만드는 함수

(2) 행렬을 생성하는 실습

① 함수의 사용 예시 : rbind(벡터1, 벡터2, …)

#rbind의 첨부 설명

- v1 벡터와 v2 벡터를 행으로 합쳐서 하나의 행렬을 만듭니다.
- 벡터의 개수가 행의 개수가 됩니다.
- 벡터가 포함하는 관측치의 개수가 열의 개수가 됩니다.

② 함수의 사용 예시 : cbind(벡터1, 벡터2, …)

#cbind

- 벡터의 개수가 열의 개수가 됩니다.
- 벡터가 포함하는 관측치의 개수가 행의 개수가 됩니다.
- 주의해야 할 점 하나는 행렬에서는 재사용 규칙이 적용됩니다.

〉z1 = 1:5 #1~5까지 z1에 할당해주세요.

〉z2 = 6:10 #6~10까지 z2에 할당해주세요.

〉m1 = rbind(z1, z2) #z1과 z2를 행으로 합쳐서 m1에 할당해주세요.

〉m2 = cbind(z1, z2) #z1과 z2를 열로 합쳐서 m2에 할당해주세요.

〉m1

〉m2

m1과 m2의 결과를 확인하면 다음과 같습니다.

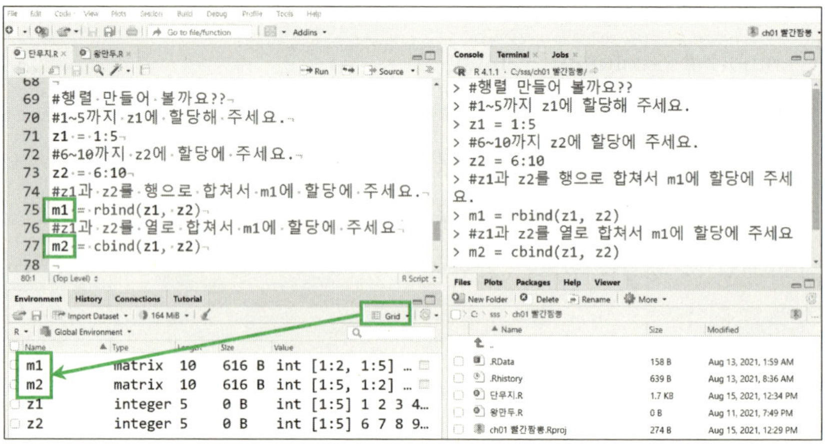

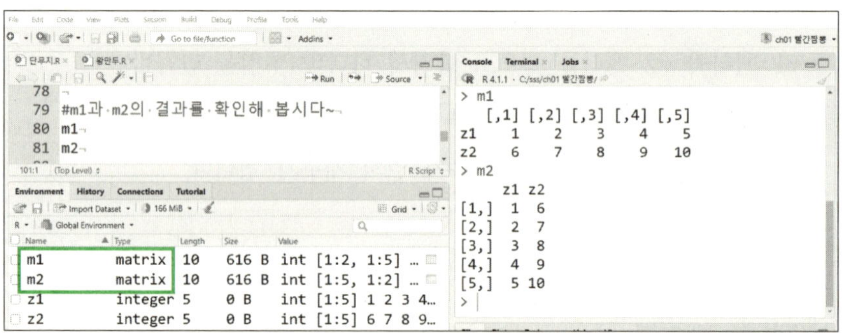

결과를 확인해보니 m1은 2행 5열의 행렬이 생성되는 것을 알 수 있으며, m2는 5행 2열이 생성되는 것을 확인할 수 있었습니다.

rbind() : 벡터를 행 방향으로 합치는 방법과 cbind() : 벡터를 열 방향으로 병합하는 구성에 따라서 다른 자료의 생성되는 것을 알 수 있었습니다.

이런 데이터의 차원과 행/렬의 구조를 알아보는 함수로 dim()이라고 있는데 사용해봅시다.

〉dim(m1)

〉dim(m2)

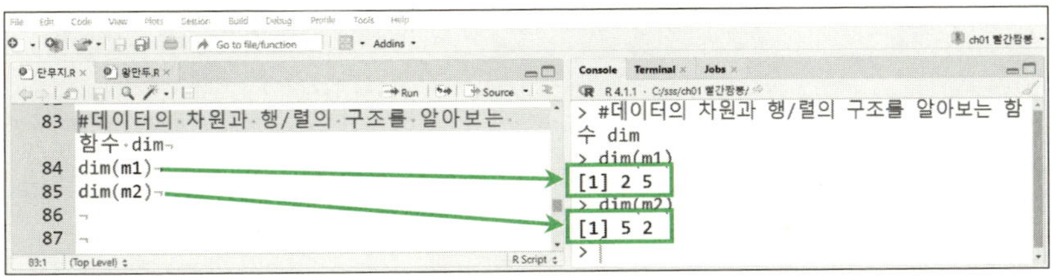

(3) matrix() 함수의 옵션값 알아보기

옵션값	내용
x	벡터값을 선택함.
nrow	행의 개수가 몇 개인지 지정함.
ncol	열의 개수가 몇 개인지 지정함.
byrow	데이터값이 나열되는 방향을 설정합니다. 값이 기본적으로 열 방향으로 나열되지만, TRUE로 옵션을 설정하면 행 방향으로 수정되어 자료가 출력됩니다. 실습을 통하여 확인바랍니다.

〉m3 = matrix(1:4, nrow=2, ncol=2) #1~4까지 값을 2행 2열로 행렬을 만들어서 m3에 할당

〉m4 = matrix(1:4, nrow=2, ncol=2, byrow=TRUE) #1~4까지 값을 2행 2열로 행렬을 만들어서, 행방향으로 데이터를 입력 후, m4에 할당

〉m3

〉m4

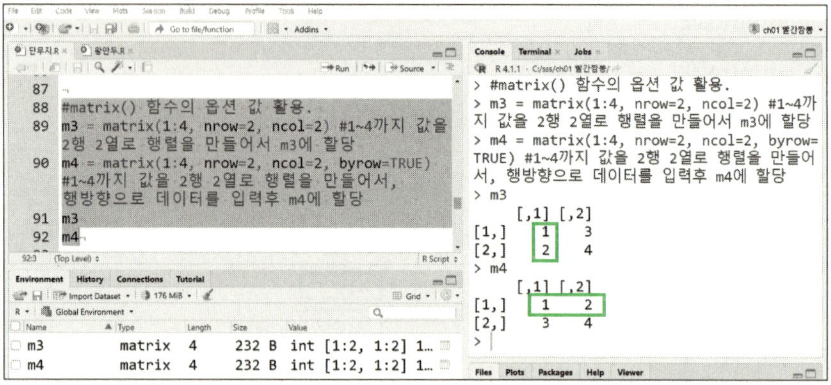

결과를 확인해보면 알 수 있듯이 행부터 데이터가 채워지느냐? 열부터 채워지느냐?가 무척 중요합니다.

자료의 속성을 살펴보는 str() 함수를 사용해봅시다.

〉str(m3)

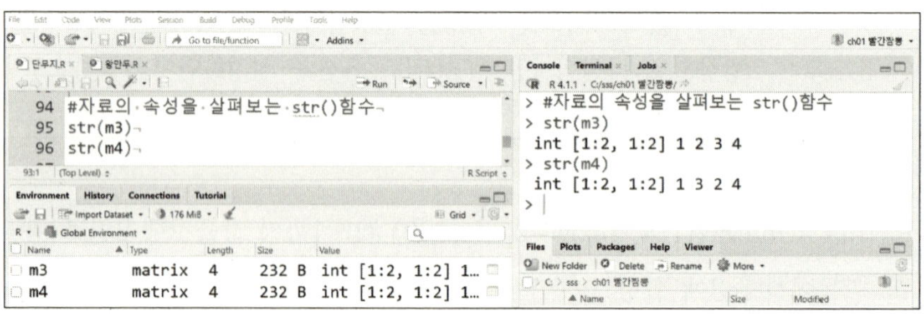

〉str(m4)

데이터도 matrix라는 것을 알 수 있습니다.

콘솔에는 int라고 나오지만 [행, 열]값이 지정되었기 때문에 행렬로 간주되며, 최종 판단이 왼쪽 하단에 행렬(matrix)이라고 출력됐네요.

4 배열

이번 절에서는 배열의 개념과 배열을 생성하는 방법에 대하여 살펴볼게요.

(1) 배열의 개요와 개념

보통 array라고 불리는 배열은 데이터의 속성이 3차원 이상으로 나타날 수 있으며, 행렬의 확장 개념으로 이해 바래요. 특히, 배열은 차원의 지정 여부와 구성에 따라서 1차원, 2차원, 3차원, 4차원 등으로 그 구조를 나타낼 수 있는 특성을 가지고 있으며, 벡터와 행렬처럼 데이터의 유형은 하나만 가질 수 있어요.

1) 배열을 생성하는 array() 함수

옵션값	내용
x	벡터값을 지정합니다.
dim	원하는 차원을 선택하고, 선택하는 숫자의 개수에 따라 차원이 결정됩니다.

2) 실습을 통한 배열을 생성하는 array() 함수

① array() 함수를 활용한 실습하기

- t1 배열은 dim인 차원에서 하나의 수치를 대상으로 1차원 속성의 데이터를 가짐

```
>t1= array(1:10, dim=10)
```

- t2 배열은 dim인 차원에서 두 개의 수치를 대상으로 2차원 속성의 데이터가 되며 2행 5열인 행렬이 됨

```
>t2 = array(1:10, dim=c(2, 5))
```

• t3 배열은 dim에 세 개의 수치를 지정 3차원 형태가 됨

```
>t3 = array(1:10, dim=c(3, 3, 4)
>t1
>t2
>t3
```

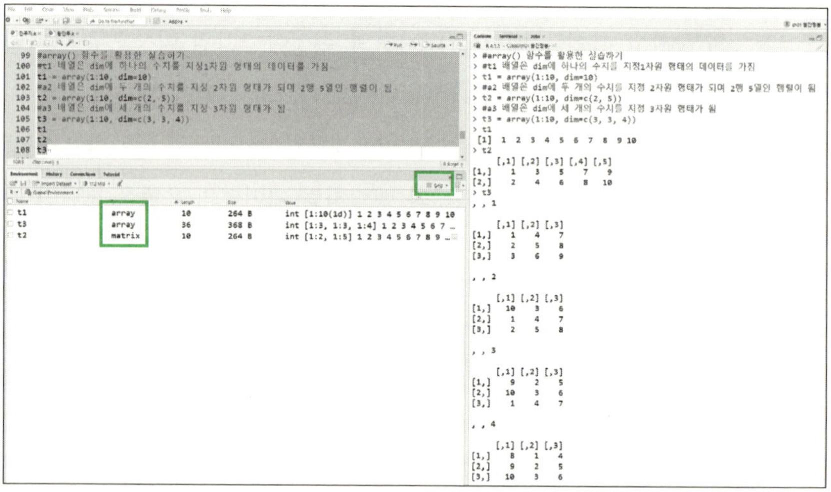

5 리스트

리스트의 개념과 리스트를 생성하는 방법에 대하여 알아봅시다.

(1) 리스트의 개요와 개념

R 프로그램을 실행하다보면 여러 데이터를 하나로 묶어서 사용하는 경우가 필요합니다. 앞에서는 "c"라는 함수를 배웠어요.

리스트(list)는 c와는 다르게 속성이 다른 그룹 간의 데이터를 묶는 일을 담당합니다. R의 데이터 속성/형태로 구분해보면 벡터(vector), 요인(factor), 행렬(matrix), 배열(array), 데이터 프레임(data frame)과 리스트(list)까지 하나의 데이터 구성 원소로 가질 수 있습니다.

1) 리스트를 생성하는 list() 함수에 대하여 알아보기

① list() 함수 사용 방법

list(벡터, 요인, 행렬, 배열, 데이터 프레임, 리스트)

② #list() 함수 사용 방법 실습

#1~5까지 데이터를 v1에 할당하세요.

〉v1 = 1:5

#1~6까지 2행 3열로 행렬을 만들어서 m1에 할당하세요.

〉m1 = matrix(1:6, nrow=2, ncol=3)

〉d1 = list(v1, m1)#v1과 m1을 리스트로 묶어서 d1에 할당하세요.

〉d1 #d1의 데이터를 출력하세요.

〉str(d1) #d1의 데이터 구조를 알려주세요.

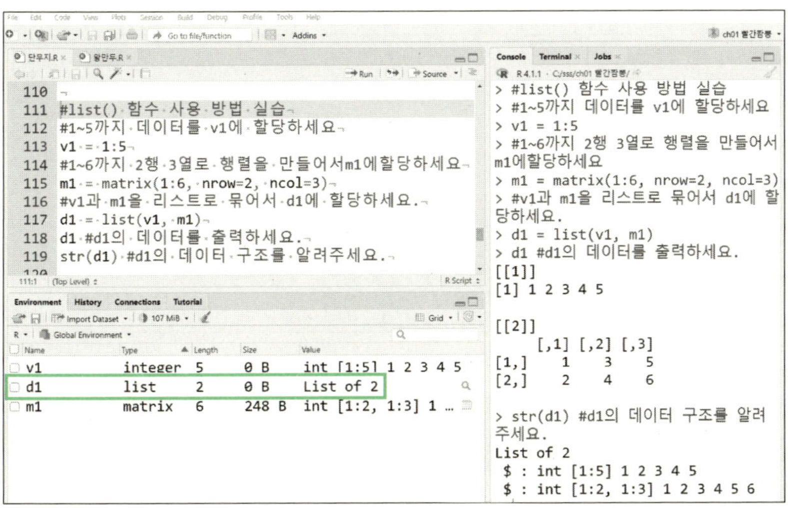

2) 리스트의 구성 요소 중에서 일부를 추출하는 방법

① [ ] 사용법

리스트명[index]의 사용의 경우 : 리스트명[index]의 사용의 경우 최종적인 형태는 리스트로 나타나며, 선택된 index의 위치에 있는 요소를 가져옵니다.

② [[]] 사용법

리스트명[[index]]의 사용의 경우 : 최종적인 결과 형태는 index 위치에 있는 요소의 데이터 형태가 되며, 선택된 index의 위치에 있는 요소를 가져옵니다.

3) 일부를 추출할 때 리스트의 원소 중에서 선택하는 방법

① d1[1]은 리스트에 있는 첫 번째 원소를 가져오며, 리스트가 됩니다.

>d1[1]

② d1[[1]은 리스트의 요소 중 1번째 1을 가져오지만, 1번째 관측값이 벡터이기 때문에 벡터가 됩니다.

>d1[[1]]

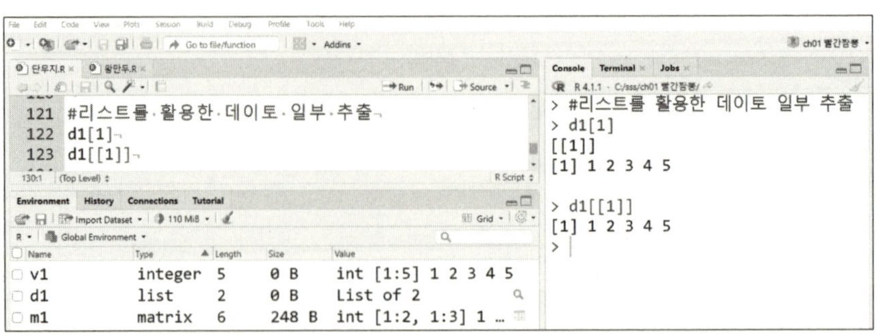

6 데이터 프레임

데이터 프레임의 개념과 생성하는 방법에 대해 알아봅시다.

(1) 데이터 프레임의 개념

먼저 그룹들 간 단일 명칭을 부여하여 주로 메시지 본문에 대한 목차에서 데이터 요소들을 효율적으로 그룹화하고 참조가 용이하도록 하는 데이터 요소들의 집합입니다.

① 데이터 프레임(data frame)은 R의 대표적인 데이터 형태로 2차원 구조로 행렬처럼 행과 열로 구성

② 행렬은 하나의 데이터 유형만 가질 수 있지만 데이터 프레임은 여러 가지 데이터 유형을 가질 수 있음. 일반적으로 R에서 데이터를 분석할 때에는 데이터 프레임 형태로 되어 있어야 하지만 데이터 프레임에서 하나의 열은 벡터처럼 하나의 데이터 유형만 가짐

(2) 데이터 프레임을 생성하는 방법

데이터 프레임을 생성하는 강력한 명령문인 data.frame() 함수의 옵션값은 아래 표와 같으며, 실습을 포함한 자세한 내용은 PART 5. 데이터 전처리에서 다루어보겠습니다.

옵션값	내용
	벡터 or 행렬 지정
stringsAsFactors	R에서 데이터를 불러올 때는 기본값으로 문자열(Strings)을 요인(Factor)으로 취급하며, 요인으로 취급하고 싶지 않다면 read.csv() 함수에 stringsAsFactors=F를 추가합니다.

PART 4

외부 데이터 불러오기

학습 목표

- 외부 데이터의 불러오기의 구조적 형태를 습득하고, 외부 데이터를 불러오는 함수의 사용법과 활용을 통하여 분석의 가장 첫 단계를 준비하세요.
- 외부 데이터 불러오기는 read.csv와 read.table만 알면 해결 가능합니다.

학습 가이드 및 주요 함수

- 외부 데이터의 불러오기를 실습을 통하여 학습해봅시다.

〈주요 함수〉

(read.csv / read.table)

1 텍스트 데이터 불러오기

텍스트 데이터를 불러오기 위해서는 기본 형태를 우선 머릿속으로 구성하면 쉬워집니다.

※ 모든 데이터의 구분은 csv 파일이면 read.csv사용, 그밖에 read.table을 사용합니다.

우선, csv 데이터가 아니므로 read.table을 사용할 것입니다.

그리고 구분자인 텍스트의 특징을 살펴봅니다.

텍스트 데이터의 구분은 3가지가 대표적입니다.

공백(blank)으로 이루어진 경우, 콤마(comma), 탭(tab) 등의 여러 형태를 보여주고 각각의 구분자(separator)를 사용합니다.

이 중 sep()를 기준으로 모든 것이 달라지므로 주의해주세요.

옵션값	내용
file	일반적인 경우 분석하기 위해서 읽어올 해당 파일의 데이터가 파일의 위치(경로)와 파일명(확장자 포함)을 문자형으로 구분해줍니다. 경로명을 지정하거나 확장자를 쓸 때 종종 에러를 동반하거나 읽어올 위치의 폴더명이 한글로 지정되거나 등등의 대소문자 문제들이 에러를 발생합니다. 그래서, 한번에 깔끔하게 해결하는 방법은 미리 만들어둔 워킹 디렉터리에 읽어올 데이터를 옮겨놓고 데이터의 명과 확장자명("data.csv")으로만 읽어오면 손쉽게 읽어올 수 있습니다.
header	외부의 불러드릴 데이터의 관측항목에 해당하는 요소를 동일하게 사용할거냐? 아니면 다른 이름으로 변경해서 쓸거냐?를 묻고 있습니다. 일반적인 경우 header=TRUE로 지정하여 동일하게 사용하지만 관측항목이 없는 경우에는 만들어서 사용합니다.

sep	구분자로 문자형 형태로 지정합니다.
stringsAsFactors	문자형 데이터를 범주형 데이터인 요인(factor)으로 자동으로 변경할지를 결정합니다. FALSE 옵션을 사용하면, 변경 없이 데이터를 문자형으로 읽어서 실행합니다. stringsAsFactors=FALSE
na.strings	결측치 처리 부분을 묻고 있습니다. 외부 데이터를 살펴보니 데이터의 항목 중 어떤 원소가 결측치가 있거나 결측치로 지정할 내용을 문자형으로 지정합니다.

(1) 구분자가 공백인 경우

데이터가 공백으로 구분된 경우 아래와 같이 나타나는 데이터를 불러옵니다.

- 해당 데이터를 c드라이브에 미리 지정하였던 워킹 디렉터리로 이동시키기 → read.table 사용 → 옵션값(header,sep,na.string) 주기 → 불러오기 완성

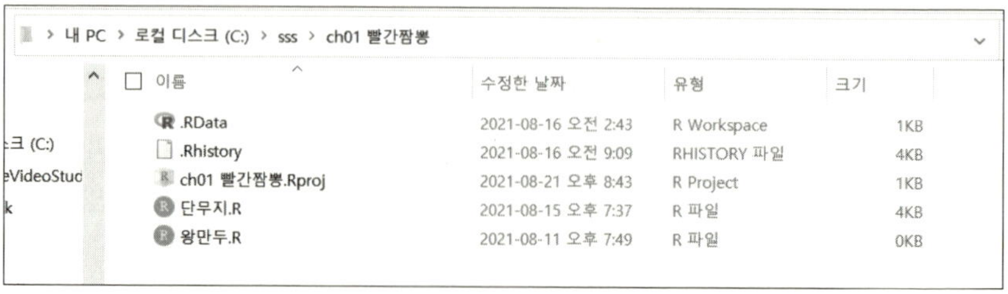

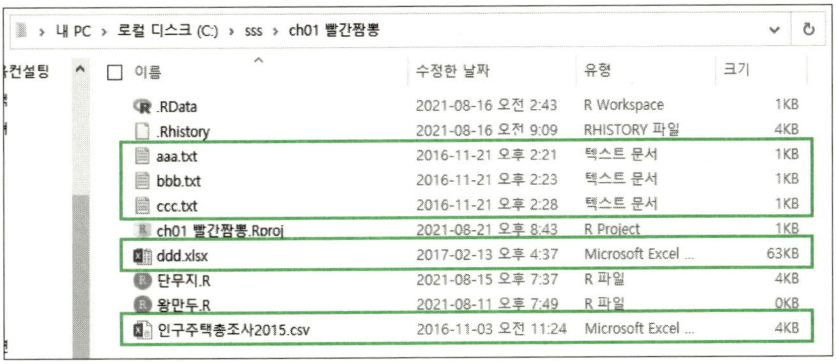

위 그림처럼 c:/sss(워킹 디렉터리로 지정)에 불러올 파일을 이동시킵니다.

외부 데이터를 불러올 때는 2가지만 생각합니다.

csv 파일이면 read.csv 사용, 그 외에는 대부분 read.table을 사용합니다.

엑셀 파일인 경우에는 csv로 변환한 후에 read.csv를 사용합니다.

그럼 공백으로 구분된 텍스트 데이터를 불러오기 합니다.

AAA=read.table(file="aaa.txt", header=TRUE, sep=" ")

워킹 디렉터리를 사용하여 경로명 또한 고려할 필요 없어요.

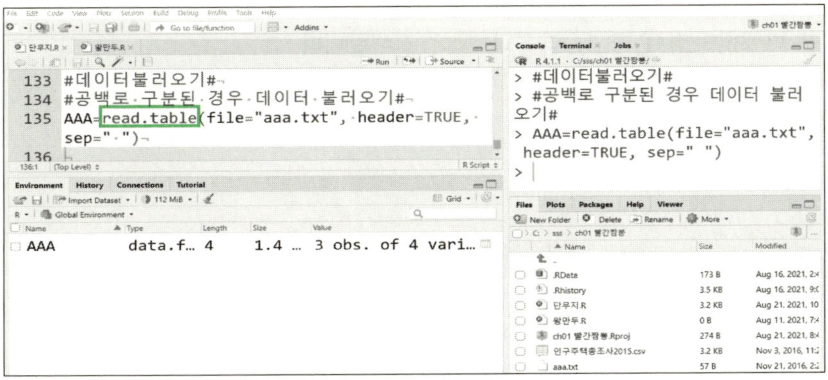

위의 코딩 내용을 살펴보면 대략 이렇습니다.

>AAA=read.table(file="aaa.txt", header=TRUE, sep=" ")

〉read.table : 외부 데이터 불러오는 함수.

〉file="aaa.txt" : 파일 이름(원칙적으론 경로명까지 표기해야 하나, 워킹 디렉터리 사용으로 파일이름으로 대치해버림)

〉header=TRUE : 데이터에서 주어진 관측항목의 이름을 그대로 사용하겠음.

〉sep=" " : 자료 사이의 구분을 공백으로 구분해서 자료를 구분함.

(2) 구분자가 콤마인 경우

구분자가 콤마(comma)로 구분되어 있는 경우 아래와 같이 진행해봅니다.

외부 데이터 중 R에서 불러오고 싶은 텍스트 데이터가 있다면 우선 워킹 디렉터리로 옮기고, 다음과 같이 진행합니다.

〉BBB = read.table(file="bbb.txt", header=TRUE, sep=",")

(3) 구분자가 탭인 경우

구분자가 탭으로 되어 있는 경우는 다음과 같이 진행해봅니다.

외부 데이터 중 R에서 불러오고 싶은 텍스트 데이터가 있는다면 우선 워킹 디렉터리로 옮기고, 다음과 같이 진행합니다.

〉CCC = read.table(file="ccc.txt", header=TRUE, sep="₩t")

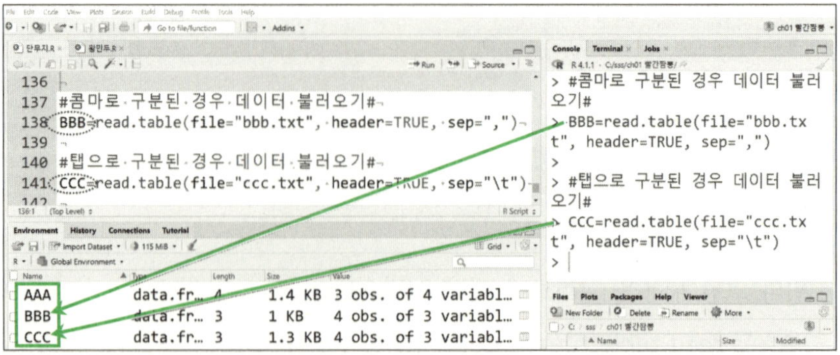

2 CSV 데이터 불러오기

CSV 데이터는 read.csv() 함수를 사용합니다.

CSV는 Comma Separated Value의 약자로 CSV 데이터가 가장 많이 다루게 되는 유형입니다. 국가통계포털이나 KOSIS의 자료내용, 네이버 등의 공개 자료, 공공 데이터 포털(DATA.GO.KR)의 대부분의 자료는 CSV로 제공되고 있습니다.

그 사용 방법은 다음과 같습니다.

옵션값	내용
file	사용할 외부 데이터가 있는 경로명인 파일의 위치와 확장자를 포함한 파일명을 문자형으로 지정합니다. (워킹 디렉터리를 사용할 경우 파일명만)
header	CSV 데이터 있는 변수명(관측항목)을 사용하려면 TRUE

워킹 디렉터리에 "인구주택총조사2015.csv" 데이터가 있을 때 R에서 읽어오는 방법입니다.

〉데이터변수명= read.csv(file="파일 위치/파일명.csv", header=TRUE)

〉 TTT=read.csv(file="인구주택총조사2015.csv", header=TRUE)

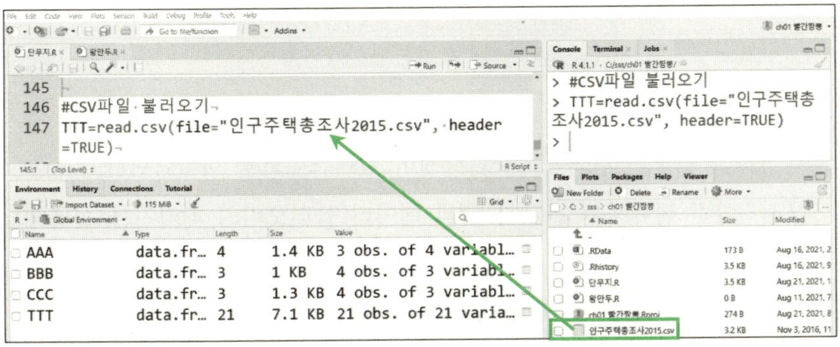

워킹 디렉터리를 활용하였기 때문에 경로명 지정없이 바로 파일명만 넣고 불러오기 진행합니다(가장 손쉬운 방법입니다).

3 엑셀 데이터 불러오기

(1) 패키지로 해결하여 불러오기 완성하기

R의 함수를 살펴보면 기본적으로 엑셀 불러오기 함수가 없습니다. 때문에, 패키지의 도움을 받아서 새로운 기능을 활용하여 외부 데이터 불러오기를 처리해보죠.

그럼, 왜? R의 패키지를 설치하여 사용할까요? 이는 다양한 환경의 데이터를 쉽게 다룰 수 있도록 다양한 기능의 함수를 활용하여 빠른 시간에 결과를 얻고자 함입니다.

오늘(2021.8.22)을 기준으로 R의 패키지에는 18,073개가 분야별로 지원되고 있습니다.

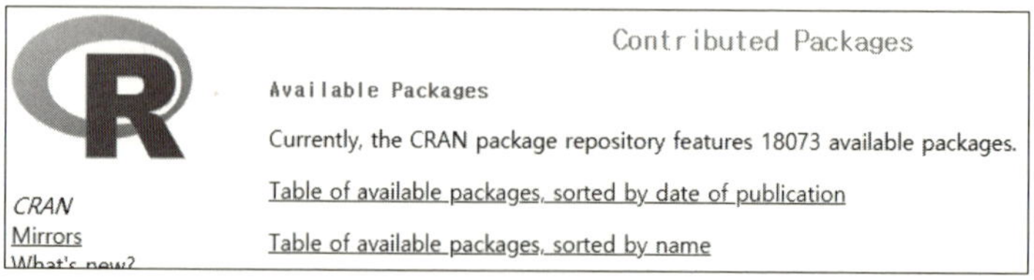

패키지의 활용은 다음 장에서 자세히 알려드리도록 하겠습니다.

우선, 이번 장에서는 간단히 엑셀 데이터 불러오기의 패키지를 설명해드리겠습니다.

패키지를 설치하는 방법부터 설명드릴게요.

〉install.packages("해당 패키지 이름") 함수를 입력하여 설치합니다.

무조건 인터넷이 사용 가능한 장소를 택하여 설치해야만 합니다.

웹에서 지원되는 관계로 인터넷의 전송속도에 따라서 설치 시간이 각각 다르게 나타납니다.

해들리 위컴이라는 개발자가 만든 패키지가 엑셀 파일을 Rstudio로 불러오기에는 가장 유명하며, 많이 사용됩니다. 그럼 우리도 해들리 위컴이 만들어 놓은 "readxl" 패키지를 활용하여 데이터를 읽어봅시다.

〉install.packages("readxl") #readxl 패키지 설치하기

–패키지가 설치가 끝나면, R과 설치된 패키지를 연동을 위한 함수인 library를 사용하여 진행합니다.

〉library(readxl) #library할 때는 괄호 안에 ""를 생략합니다.

–library(패키지명)로 표기되는 이 함수의 특징은 매번 필요할 때마다 실행하여 주어야만 합니다(매우 중요). 이에 비하여 install.packages("해당 패키지 이름") 함수로 표기되는 설치 함수는 사용하기 전에 한 번만 해주면, R 폴더에 저장되므로 다음부터는 매번 다운로드할 필요가 없습니다.

정리하면 패키지 설치는 한 번으로 되지만, 사용을 위한 library 연동은 해당 패키지가 필요할 때마다 불러와서 로딩하여 사용합니다.

따라서, 매번 잘 사용하는 패키지는 library 형태로 프로젝트의 스크립터 창에 잘 사용하는 순서대로 정리하여 로딩을 한 번 해주고, 코딩을 하면 무척 쉬워집니다.

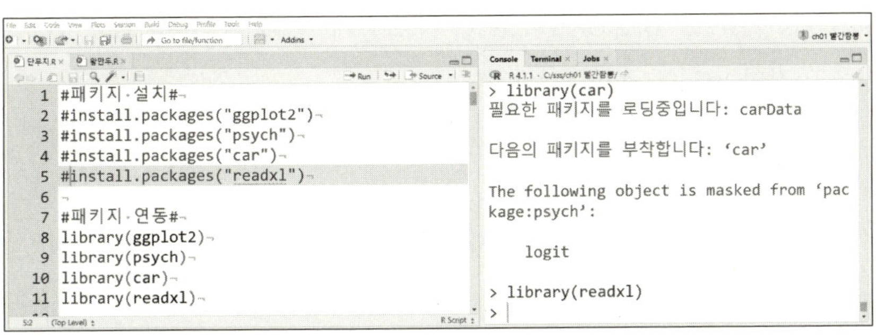

다운로드를 마친 후에는 install.packages("해당 패키지 이름")의 함수 앞에 "#"을 붙여주면, 앞으로 명령어로 보지 않아서 실행명령을 하여도 또다시 설치되는 방지 효과를 누릴 수 있습니다.

>install.packages("readxl") #""를 잊지 말자.

>library(readxl) #필요할 때마다 매번 해준다.

readxl 패키지를 설치 후 제공되는 read_excel() 함수를 사용하기 위한 옵션값을 정리하면 다음과 같습니다.

옵션값	내용
path	R에서 불러올 외부 데이터가 있는 파일의 위치(경로)와 파일명(확장자 포함)을 문자형으로 지정합니다.
sheet	엑셀 파일 데이터의 여러 시트(sheet) 중에서 불러올 데이터의 시트를 지정합니다. 만약, 시트명을 알고 있으면 문자형으로 지정하면 ok, 위치를 알고 있다면 수치형으로 지정
col_names	엑셀 데이터 안의 관측 항목을 그대로 사용하려면 TRUE을 지정합니다.

엑셀 확장자를 고려한 데이터 불러오기의 분류는 엑셀의 2003 이하 버전의 적용은 확장자를 xls으로 적용하며, 엑셀 2007 이상 버전의 적용은 xlsx으로 진행합니다.

만약에 다음과 같이 데이터가 주어졌다면, c 드라이브에 abc 폴더의 big1.xls가 있고, "BLACK PINK"란 시트에 데이터를 불러온다고 가정하면 다음과 같이 코딩을 진행합니다.

>kkk=read_excel(path="c:/abc/big1.xls",sheet="BLACKPINK", col_names=TRUE)

>kkk=read_excel(path="c:/abc/big1.xlsx",sheet="BLACKPINK", col_names=TRUE)

그럼 패키지를 사용하지 않고 손쉽게 엑셀 파일을 불러오는 방법에 대하여 알아봅시다.

무척이나 많이 사용할 예정입니다. 꼭 익히셔서 유용하게 사용 바랍니다.

(2) 워킹 디렉터리를 사용하여 다른 이름으로 저장 후 불러오기 수행

① 해당 엑셀 파일을 선택합니다(어떤 파일을 불러올거니?).

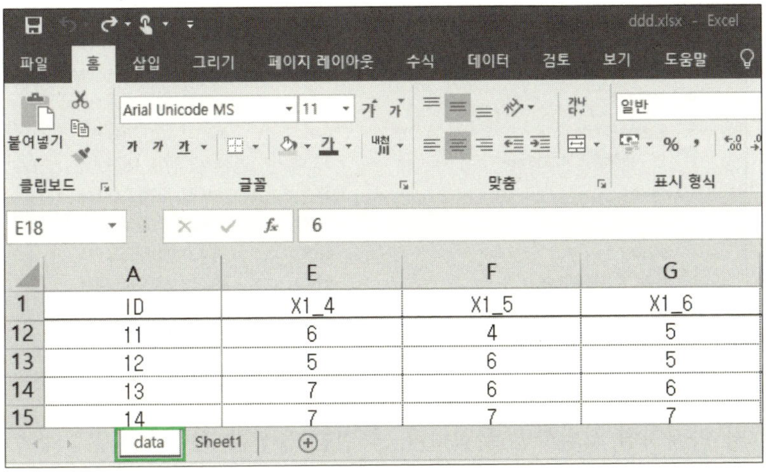

② 다른 이름 데이터로 바꾸기를 지정할 때 불러오기를 원하는 데이터의 시트를 선택 후 csv의 변환을 수행합니다.

③ 엑셀 데이터를 다른 이름 데이터로 바꾸기를 눌러서 csv 데이터로 변환합니다.

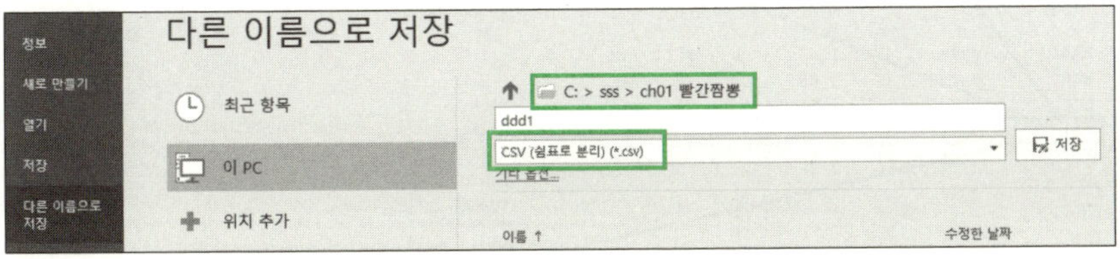

④ 해당 파일을 다른 이름으로의 csv 파일로 변환이 끝나면 Rstudio의 file창에 살펴보면 ddd1이라는 csv 파일이 생성된 것을 확인 가능할 것입니다.

⑤ ddd.xlsx의 엑셀 파일이 다른 이름으로 저장하기를 통하여 ddd1.csv로 변경되었네요.

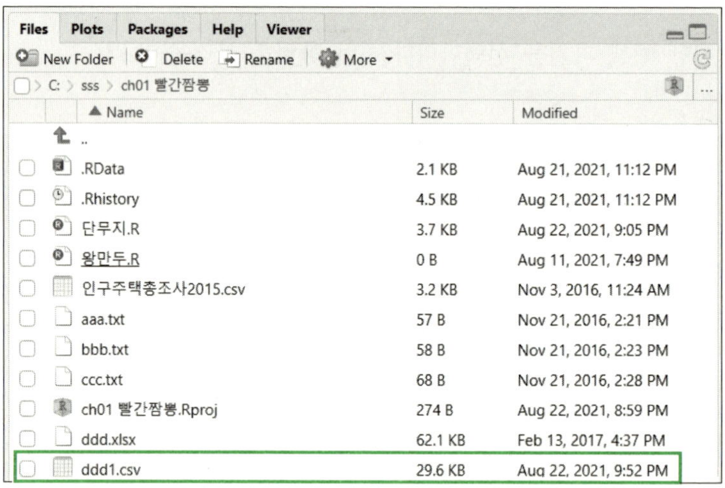

그럼 아래처럼 코딩하면 끝입니다. 특별한 옵션값 신경쓰지 않고 csv 파일 블러오기를 통하여

〉mmm=read.csv(file="ddd1.csv", header=TRUE)

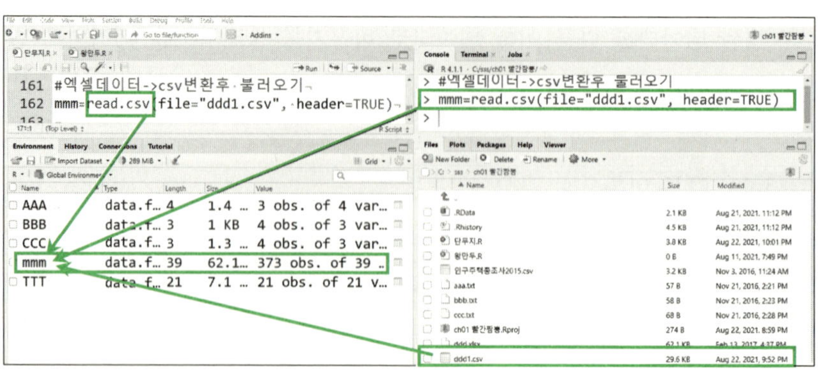

제가 써본 데이터 불러오기를 한 경험을 바탕으로 추천드리는 부분은 "WD 워킹 디렉터리"를 활용한 방법을 추천드립니다.

4 URL 데이터 불러오기

특정 데이터의 URL 주소의 데이터를 불러오기를 하면 다음과 같습니다.

- 해당 데이터 URL : "http://jupiter.hallym.ac.kr/ftpdata/data/bmi.txt"
- 키, 몸무게, 출생년도, 종교, 성별, 결혼 여부 데이터 177명의 조사 결과
- 특징 : 관측항목이 없으므로 만들어서 사용 바랍니다.

```
167  68  1974  No  F  N
162  49  1974  C2  F  N
158  50  1978  C2  F  N
165  56  1977  No  F  N
160  52  1959  No  F  N
162  52  1972  No  F  Y
162  50  1970  No  F  N
167  61  1967  C2  F  Y
156  44  1969  C1  F  Y
157  55  1979  No  F  N
158  54  1974  No  F  N
155  47  1980  C2  F  N
160  53  1978  C2  F  N
153  45  1976  C2  F  N
162  47  1979  No  F  N
163  54  1973  No  F  N
165  52  1975  No  F  N
162  42  1973  C1  F  N
162  51  1966  C2  F  N
172  72  1974  No  M  N
158  54  1975  No  F  N
153  56  1976  C1  F  N
156  47  1971  Bu  F  N
168  52  1972  Bu  M  N
168  67  1977  No  F  N
158  60  1958  C2  F  Y
160  50  1974  C1  F  N
162  54  1974  C1  F  Y
```

관측항목을 만들어서 데이터를 불러오기를 시행하면 다음과 같습니다.

관측항목을 한국어로 지정하시면 이해하기가 편해집니다.

우린 TOOLS의 메뉴에서 "글로벌 옵션값"을 이미 한글로 지정하였습니다.

>KKK=read.table(url("http://jupiter.hallym.ac.kr/ftpdata/data/bmi.txt"),

col.names=c("키", "몸", "출생", "종교", "성별", "결혼"))

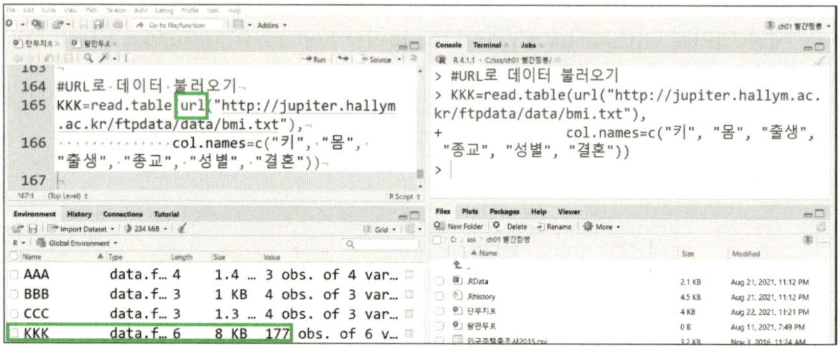

제대로 불러왔는지 확인해봅니다.

>str(KKK)

>View(KKK)

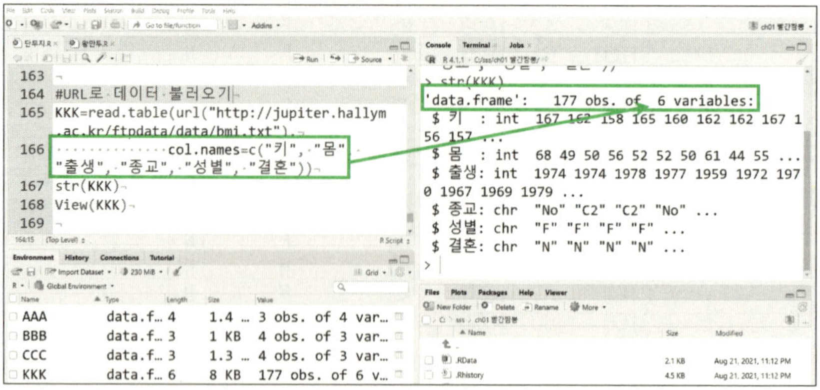

데이터의 구조를 살펴본 결과 177개의 엔트리 값과 6가지의 변수(관측항목)로 구성되었다고 출력됩니다.

View(KKK)를 실행해보니 아래처럼 출력이 됩니다.

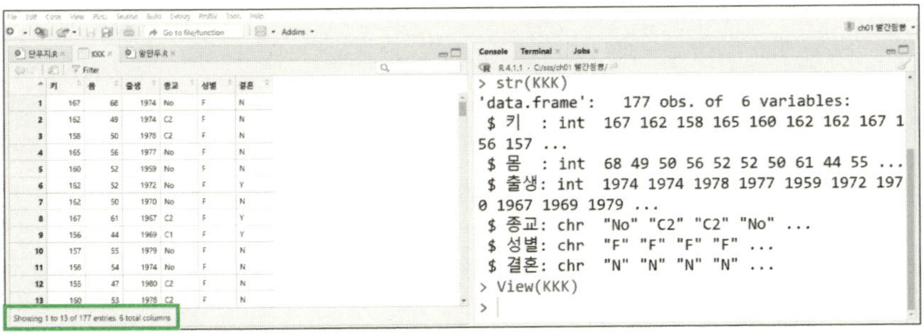

"Showing 1 to 13 of 177 entries, 6 total columns"이라는 문구를 확인 바랍니다.

이와 같이, 우리는 데이터 불러오기를 여러 가지 데이터의 형태에 따른 방법에서 진행해 보았습니다.

아마, 여러분들께서는 엑셀 데이터와 CSV 데이터를 가장 많이 경험할 것으로 예상됩니다.

엑셀 데이터와 CSV 데이터는 2차원 데이터로써 행과 열값을 바탕으로 진행되므로, 행과 열의 특성과 데이터 마이닝을 위한 열 추가 방법과 핸들링 방법이 매우 필요할 것으로 판단됩니다.

이는 데이터의 구조로 보면, 데이터 프레임구조를 잘 선택하고 분석하는 방법에서 특정 신뢰 데이터의 일부를 추출하고 통계적인 기법을 적용하는 능력이 필요합니다.

이런, 데이터의 핸들링/전처리에 대하여 다음 장에서 설명을 진행하겠습니다.

PART 5

데이터 전처리 (핸들링)

1. 데이터 프레임과 핸들링
2. 데이터 프레임의 속성
3. 데이터 프레임의 데이터 추출하기
4. 데이터 프레임의 데이터 정렬하기

학습 목표

- 데이터 프레임과 핸들링의 개념과 활용에 대해 알아봅시다.
  - 데이터에서 필요한 부분만큼을 추출해봅시다.
  - 데이터를 정렬해봅시다.
  - 여러 데이터를 병합해봅시다.

학습 가이드 및 주요 함수

- 데이터의 표본으로 일컬어지는 대표적인 형태인 데이터 프레임의 구조와 속성을 알아보고, 데이터의 일부를 선택/추출하거나 지정된 변수를 기준으로 데이터를 정렬하는 방법을 통하여 오름차순 또는 내림차순을 활용하여 데이터를 정렬하고, 각기 다른 여러 개의 데이터를 병합하는 방법을 숙지하여, 데이터 분석의 기초를 알아봅시다.

〈주요 함수〉

data.frame(), head(), tail(), srot(), str(), 내림차순, 올림차순, order 등…

1 데이터 프레임과 핸들링

(1) 데이터 핸들링

파일의 기본 구성요소인 레코드를 기반으로 하여 이들의 필드를 조작하는 것을 의미합니다.

데이터 전처리와 동일하게 사용됩니다.

최종 데이터로 저장하기 전까지 데이터를 분석 목적에 맞도록 최대한 "마이크로 데이터화"로 만드는 데이터의 과정으로써 데이터 정제의 꼭 필요한 단계로 이해하면 됩니다.

데이터 프레임을 활용하여 일부의 데이터를 추출하고, 데이터를 정렬하며, 병합하는 방법을 알아봅시다.

내장되어 있는 내부 데이터를 활용합니다.

1) 내장된 데이터 불러오는 방법

〉data( )

diamonds 데이터를 사용하기 위해서 "ggplot2 패키지"를 설치합니다.

〉install.packages("ggplot2")

〉require(ggplot2) #library와 동일하게 사용합니다.

데이터의 구조가 궁금해서 데이터를 보는 방법

〉View(diamonds) #다이아몬드 데이터 불러오기

〉str(diamonds) #다이아몬드의 데이터의 구조를 알려줘요~~

2) 데이터 프레임 구조 알아보기

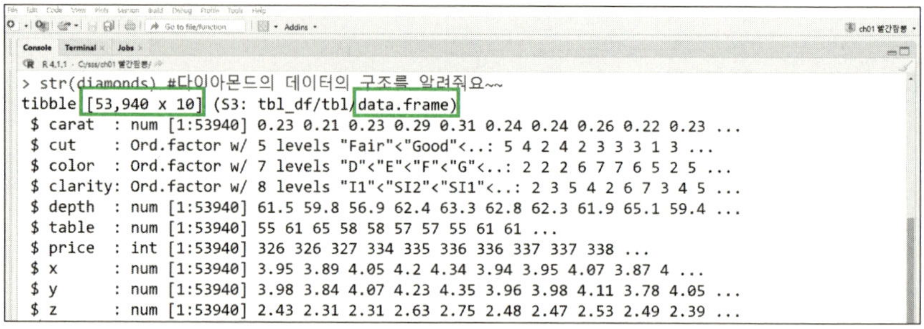

다이아몬드의 데이터의 구조는 데이터 프레임의 종류이며 53,940의 엔트리에 10개의 변수인 관측항목으로 구성되었으며, 10개 중의 변수 중에서 3개인 cut/color/clarity가 순서형 범주형 데이터로 구성되었습니다.

나머지 7개는 수치형 데이터로 히스토그램과 박스플롯 그래프로 작성 가능합니다. 이상이 다이몬드 데이터를 str() 함수로 나타냈을 때 알 수 있는 부분입니다.

3) 데이터 프레임의 개념=data.frame() 함수

데이터 프레임(data frame)은 분석상의 우리가 가장 많이 볼 수 있는 데이터의 형태라고 볼 수 있으며, R의 대표적인 데이터 형태라고 정할 수 있습니다.

또한, 구조 역시 2차원의 행렬(matrix)과 같이 행과 열로 나누어진 정형 데이터의 모양을 하고 있습니다.

이런 특성은 행렬과는 다르게, 데이터 프레임은 다양한 데이터 유형을 포함한 형태로 나타납니다.

대다수의 경우 R에서 데이터 분석/해석할 경우에는, 데이터 프레임 형태를 유지하지만, 데이터 프레임에서 볼 때 하나의 열데이터는 벡터처럼 한 개의 데이터 유형으로 나타납니다.

그럼, 데이터 프레임을 구성/생성하는 요령에 대하여 자세히 알아봅시다.

외부 데이터를 R 프로그램으로 불러오면 그 구조가 텍스트, CSV, 엑셀, DB 형태든지 간에 데이터 형태는 대부분 데이터 프레임의 속성을 가지고 있습니다.

따라서 데이터 프레임을 생성하는 강력한 함수인 data.frame() 함수를 활용하여 데이터 프레임에 대한 정리를 시작하고자 합니다.

옵션값	내용
	벡터 or 행렬 지정
stringsAsFactors	R에서 데이터를 불러올 때는 기본값으로 문자열(Strings)을 요인(Factor)으로 취급하며, 요인으로 취급하고 싶지 않다면 read.csv() 함수에 stringsAsFactors=F를 추가합니다.

4) 직접 데이터 프레임 만들어보기

data.frame() 함수의 사용입니다.

불특정한 5명의 정보를 바탕으로 나이(age), 성별(gender), 키(height)를 바탕으로 해당 변수를 각각 age/gender/height라고 만들고, 이 변수 벡터들을 data.frame() 함수를 활용하여 통합적인 데이터 프레임 구조의 자료를 만들고, 자료를 통한 각각의 옵션값인 "stringsAsFactors="의 사용법을 확인하고자 합니다.

특히, 옵션값의 형태가 TRUE와 FALSE로 변화될 때의 각각의 변수의 해당 속성을 str() 함수를 통하여 살펴봅니다.

str()에서 말하는 벡터값과 요인(factor)의 차이를 구별하는 것이 중요한 목표입니다. 꼭 구별하고 확인부탁드립니다.

① 데이터 프레임 만들기

>id = 1:5

>age = c(29, 32, 47, 35, 23)

>gender = c("f", "m", "m", "f", "f")

>height = c(163, 177, 172, 157, 169)

>df1 = data.frame(id, age, gender, height)

>df2 = data.frame(id, age, gender, height, stringsAsFactors =FALSE)

② 데이터 프레임 출력하기

>df1 #df1 출력해라

>df2 #df2 출력해라

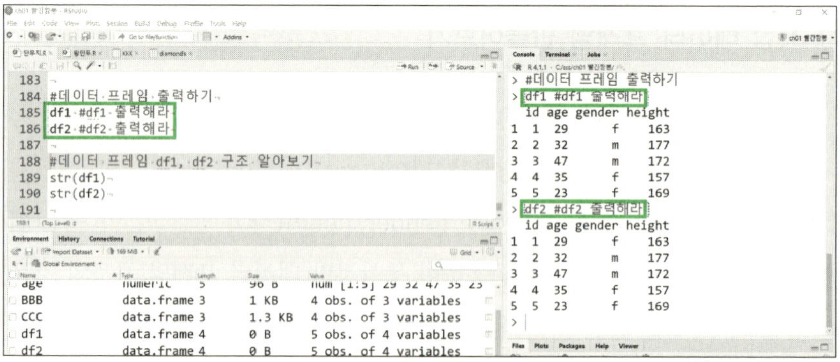

df1과 df2를 출력을 하여도 차이점이 육안으로 구별이 되지 않아서 데이터의 구조를 알아보는 함수를 사용하여 속성을 알아봅니다(str() 함수 사용).

③ 데이터 프레임 df1, df2 구조 알아보기

>str(df1)

>str(df2)

④ df1/df2 데이터 구조 결과

모두 데이터 프레임을 나타냅니다.

5행*4열의 2차원 데이터 프레임 구조를 말합니다.

데이터 프레임의 특성인 수치형 데이터와 문자형 데이터의 2가지 데이터 속성 및 유형을 모두 내포하고 있습니다.

〉df1

〉df2

화면을 살펴보니 변한 것이 없습니다. 그래서 옵션값을 "stringsAsFactors= TRUE"로 변경한 후의 데이터의 형태를 살펴보았습니다.

그리고, df3라는 새로운 변수명으로 데이터 프레임을 구성하였습니다.

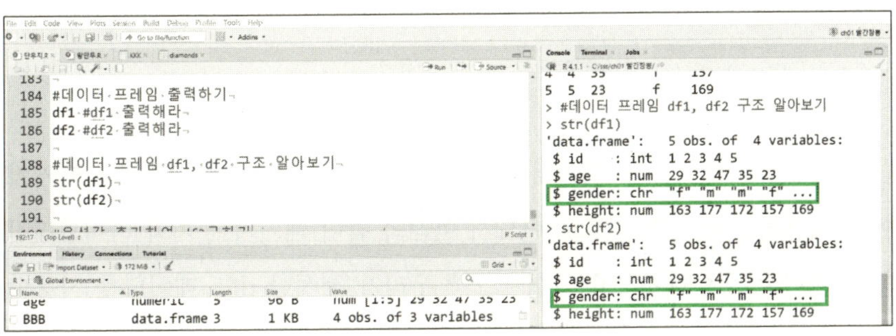

〉df3 = data.frame(id, age, gender, height, stringsAsFactors=TRUE)

〉str(df3)

df3의 gender변수의 데이터의 속성이 범주형 데이터인 factor로 변경된 것을 알 수 있습니다.

2 데이터 프레임의 속성

데이터 프레임은 2차원 데이터로 구성되었습니다. 잠깐 데이터를 차원에 따라서 분류해보면 1차원은 벡터와 factor(요인), 2차원은 행렬, 데이터 프레임, 3차원은 배열, 1차원~4차원까지 갖는 리스트로 구분 가능합니다.

여기서, "2차원 구조는 데이터의 기본형태가 행값과 열값을 갖는 구조구나"라고 생각하시면 되는데 이런 구조는 엑셀 데이터나, csv, 혹은 "클라우드나 서버에 올려놓은 텍스트 자료("http://jupiter.hallym.ac.kr/ftpdata/data/bmi.txt")를 지칭한다"라고 이해하면 쉬워요. 따라서, 데이터 프레임의 속성을 살펴보면, 열(col)의 개수, 행(row)의 개수, 열의 이름, 행의 이름, 차원(dim), 차원의 이름으로 구성되어 있습니다.

하나씩 알아보죠~~

※ 여기서 잠깐!!

실습에서 다이아몬드 데이터를 사용하기를 원한다면, ggplot2의 패키지에서 제공되는 데이터 세트로 반드시 아래와 같이 패키지 설치와 라이브러리를 실행하고 실습해주세요. 저는 그냥 우리가 생성한 df1 데이터를 사용할 것입니다.

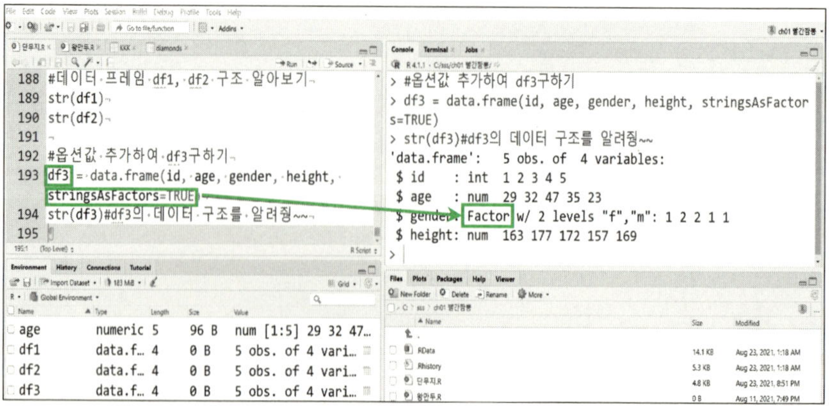

```
>install.packages("ggplot2")
>library(ggplot2)
```

만약에 앞 페이지에서 실습을 한 경우라면 바로 데이터를 불러와도 무방해요.

1) 행의 개수를 알아보는 함수

-사용함수 : nrow(데이터명)
예시) nrow(df1) #df1의 행의 개수는 몇 개니?

2) 열의 개수를 알아보는 함수

-사용함수 : ncol(데이터명)
예시) ncol(df1) #df1의 열의 개수는 몇 개니?

3) 행의 이름 알아보는 함수

-사용함수 : row.names(데이터명)
예시) row.names(df1)

4) 행의 이름의 경우

주로 문자형으로 구성되는데, 예를 들어서 100명의 코로나 예방접종 대기명단이 있다면 각각의 예방접종할 사람의 이름이 해당된다고 보면 됩니다. 그럼 그 해당 사람의 이름이 올라오거나, 1부터 시작하는 일련번호로 되어있어 있는 경우를 보게 됩니다. 때로 행의 이름을 변경하고 싶으면 c() 함수나 paste() 함수로 다양하게 이용하여 수정할 수 있어요. 아래 예시를 보시죠.

아래의 예제 데이터는 앞페이지에서 데이터 프레임으로 만들어 놓은 데이터를 사용합니다.

예시) row.names(df1) = paste("화이자", 1:5, sep="*")

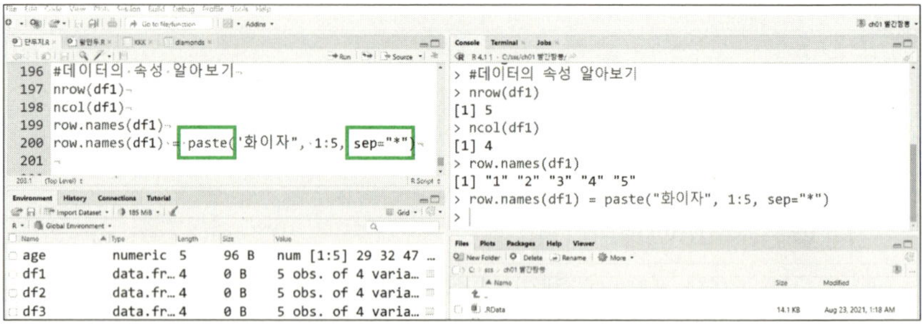

5) 열의 이름의 경우

- 사용 함수 : colnames(데이터명)

예시) colnames(df1)

열을 나타내는 값도 이름을 살펴보면 문자형의 형태를 보여주는데, 만약 열의 이름을 변경을 원한다면 "행의 이름 변경"할 때 사용했던 c(), paste() 함수를 이용하면 됩니다.

그럼 데이터가 어떻게 생겼는지 봅시다.

>View(df1)

그럼 우리 열의 이름인 colnames(df1)을 바꾸어봅시다.

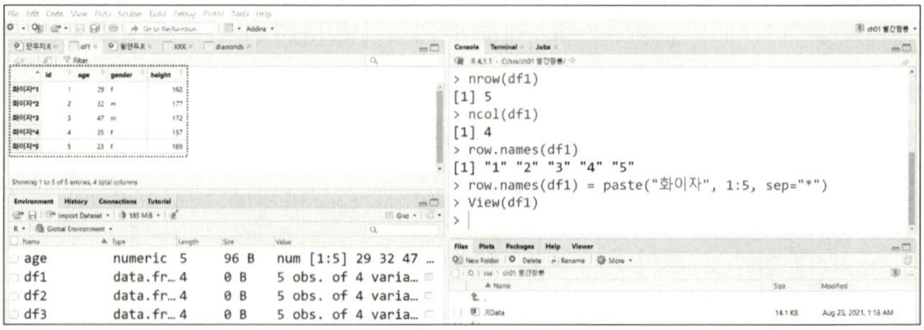

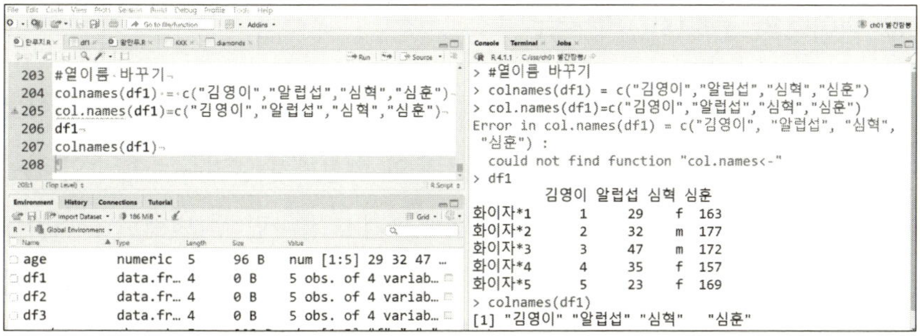

여기서 주의할 것은 row.names(df1)나 rownames(df1) 혼용 사용 가능, colnames(df1) 사용 가능, 그러나 col.names(df1) 사용 불가합니다(함수의 사용 형태가 다릅니다. 최초 데이터 불러오기를 사용한 경우의 옵션 값으로 사용할 때는 가능합니다).

예시)

>KKK=read.table(url("http://jupiter.hallym.ac.kr/ftpdata/data/bmi.txt"),

col.names = c("키", "몸", "출생", "종교", "성별", "결혼"))

6) 차원(dimension)의 경우

dim이란 함수는 차원(dimension)의 약자로 생각하면 됩니다.

데이터를 구성하는 행과 열이 각각 몇 개인지를 출력해서 알려줍니다. 참 간편하게 햇반처럼 사용됩니다.

• 사용 함수 : dim(데이터명)

>dim(df1)

출력되는 결과를 보면, dim() 함수의 행의 개수와 열의 개수를 나타냅니다.

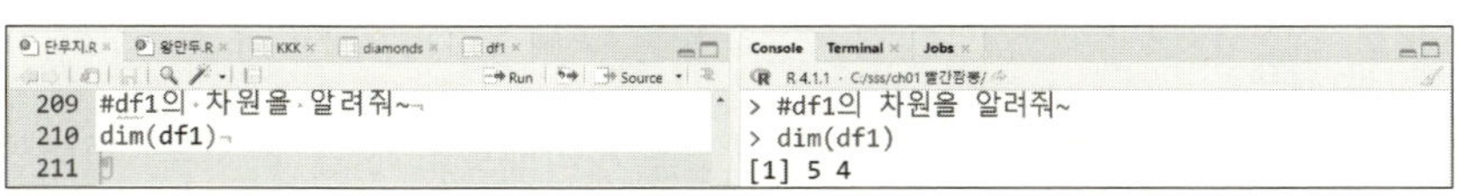

7) 데이터의 구조(str)의 경우

전체 함수를 통틀어서 R에서 가장 중요한 함수입니다. 데이터 프레임의 구조(structure)를 기본적으로 각 변수들의 속성까지 알려주는 함수입니다.

데이터 분석시, 데이터를 첫 번째 불러오기가 끝나면 두 번째로 출력하여 데이터의 구조와 변수를 파악하여 분석가에게 범주형 데이터로 바꿀 변수와 후처리에 필요한 전반적인 상황을 알려주는 함수로 마치 수술받기 전에 MRI를 찍듯이 데이터 전반의 정보를 제공합니다.

데이터의 속성을 가장 강력하게 데이터의 유형의 제한 사항 없이 마음대로 사용할 수있는 함수는 str()입니다.

• 함수의 사용법 : str(데이터명)

〉str(df3)

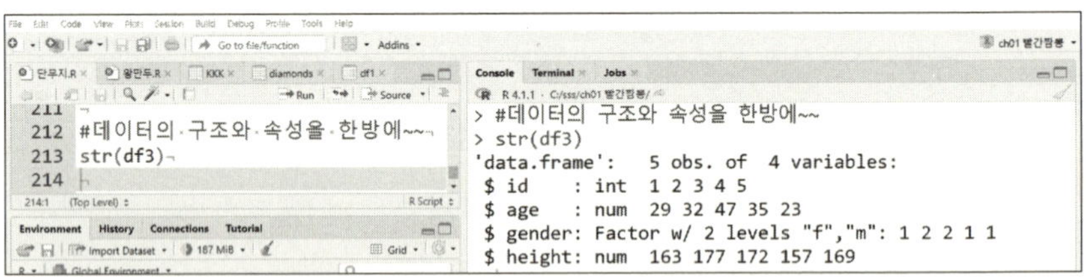

위의 내용을 해석하면 다음과 같습니다. 따라서 익혀봅시다.

우선 데이터의 구조는 data.frame입니다.

5*4의 2차원 데이터로 되어 있습니다.

행은 5줄 열은 4개의 관측항목을 포함하고 있습니다.

4개의 관측 항목 중 id는 수치형(정수) 데이터로 구성, age와 height도 수치형 데이터로 구성되었습니다.

오직 gender의 항목만 범주형 데이터로 되어 있습니다.

참 쉽죠~~

그럼, 데이터에 대하여 몇 가지 사항을 정리해보죠, R을 하시든, 파이썬을 다루시든 데이터의 정의는 통계에서 정해준 데이터의 개념에서 출발합니다.

※ 중요 개념 정리 : 데이터 종류의 구분

- 데이터의 정의 : 통계분석의 대상이 되는 모집단이나 표본집단의 특성값은 숫자나 문자로 표현되는데 이런 모든 것을 '데이터' 또는 '자료'라고 약속함.

① 수집된 데이터 종류의 구분은 어떻게 되나요?

• 1차 데이터 : 연구 목적을 위해 별도로 수집한 자료
통계 분석의 목적에 맞게 직접 대상을 선정/추출하여 수집하는 데이터. 수집에 시간과 비용이 많이 소요되는 단점이 있음.

• 2차 데이터 : 다른 곳에서 이미 수집 및 전처리/정리를 마친 마이크로 데이터
본래 이 통계 목적에는 관계없이 다른 목적을 위해 과거에 수집된 자료를 말함.
빠르게 활용 가능한 장점이 있음.
과거 자료에 기인하기 때문에 저비용으로 빠르게 적용할 수는 있지만, 데이터의 정확도와 재현율과 민감도가 떨어지는 것을 감안하여 사용을 권함.

② 형태에 따른 데이터의 종류는 어떻게 되나요?

데이터를 구분하는 가장 중요한 키워드임. "범주형(질적 자료)과 수치형(양적 자료)" 데이터 형태에 따라 핵심적으로 구분하는 방법으로 범주형과 수치형을 나눌 수 있음.

- **범주형 데이터(factor)** : 집단 혹은 그룹으로 나누어지는 데이터=계산할 수 없는 데이터
  ① 명목형 데이터 : 명칭으로 구분되는 데이터/겉으로 내세우는 이름으로 분류된 데이터
  예) 성별(남자, 여자), 혈액형(A, AB, O, B) 등
  ② 순서형(ordered factor) 데이터 : 명목형을 순서를 정하여 수치로 변환한 데이터 분석을 수행하려면 명목형을 그대로 사용할 수 없으므로 수치화 순서를 표현함.
  예) 훈이가 좋아하는 물건 선호도(맥북 : 1, 애플 스마트폰 : 2, 아빠 : 3
  출퇴근 교통수단의 선호도(도보 : 3, 자 차 : 1, 대중교통 : 2)

- **수치형 데이터** : 셀 수 있어서 수치인 양적 데이터로 표현할 수 있는 대상, 평균, 중위수 등의 사칙연산을 할 수 있는 자료
  ① 이산형 데이터 : 정수로 표시할 수 있는 데이터, 문자와 같이 별개의 요소로 구성되거나 정수와 같이 하나 이상의 명확하게 인식할 수 있는 값으로 표현되는 데이터. 구분이 명확한 데이터
  예) 이 교실의 사람 수(2), 나이(45) 등
  ② 연속형 데이터 : 소수점으로 표현이 가능한 데이터를 말함. 수치형 데이터의 성격으로, 연속적인 상태를 측정할 수 있는 데이터의 표현에 적합한 자료임.
  연속적인 수치로, 정수로 딱 떨어지지 않는 데이터를 의미함.
  연속형 데이터의 경우에는 평균과 표준편차, 분산으로 표현하고 추가적으로 퍼센트로도 표현이 가능함. 구체적인 사례를 키로 들자면, 160, 170, 180의 키데이터를 활용하면 평균은 170이며, 표준편차는 10이란 것을 알 수 있음.

■ 척도에 따른 데이터의 종류

데이터는 척도에 따라서 통계분석 방법이 다르게 구분됨.

① 질적 데이터(범주형) : 데이터를 구분하여 그룹/집단으로 나눌 수 있는 데이터

- 명목형 척도 데이터 : 명칭으로 구분하여 수치로 변환한 데이터
  예) 성별을 남자, 여자로 구분하여 남자는 0, 여자는 1
  혈액형을 A=1, B=2, AB=3, O=4
- 순서형 척도 데이터 : 순서적으로 의미가 있는 데이터
  예) 1학년은 1, 2학년은 2
  A등급은 1, B등급은 2, C등급은 3

② 양적 데이터(연속형)

수치로 표시된 데이터를 조사 목적에 따라 구분한 데이터

- 등간 척도 : 데이터인 숫자의 간격에 의미가 있는 데이터
  데이터가 없다는 의미의 절대 0값이 존재하지 않는 데이터
  예) 설문문항 좋음 3, 보통 2, 나쁨 1
  온도 : 0도에 비해 낮으면 영하(−16°), 높으면 영상(21°)
- 비율 척도 : 수치의 크고 작은 값의 차이 자체에 의미가 있는 데이터
  데이터가 없다는 의미의 절대 0값이 존재하는 데이터
  예) 길이(12.5cm), 무게(3.25kg), 시간(3분 13초)

구체적인 사례를 들어서 각각의 척도를 설명해보았습니다.

예) 혁이는 성별이 남자인 대학생입니다. 혁이를 다음 표와 같이 정리해보았습니다.

구분	이름/성별	나이	체온	등교시간
내용	심혁/남(2)	2(20)	36	140분

① 2로 표시한 성별 데이터

통계분석을 위해 문자 데이터를 숫자로 구분해 표시한 것이며 숫자로서의 의미는 없다고 판단해도 좋습니다. 왜냐하면, 여자는 20, 남자를 10으로 표시해도 무방한 질적 데이터 또는 범주형-명목형 데이터입니다.

② 2로 표시한 나이 데이터

성별에서 사용한 2와 나이를 나타낸 2라는 숫자는 20대를 표현하기 위한 질적 데이터이며 성별을 나타낸 것과 다른 점은 성별이 어떤 숫자를 사용해도 되는 반면, 나이를 나타내는 데이터는 10대를 1로 표기, 20대를 2로 표기, 30대를 3으로 표기하는 방식을 사용하기 때문에 숫자 자체로써 순서의 의미도 포함하고 있다는 점을 차이점으로 꼭 기억해주기 바랍니다.

성별과 같이 나이대를 그룹으로 만드는 질적 데이터인 것은 같으나 숫자에 따라 나이의 크기도 함께 달라지는 순서형 또는 서열 데이터입니다.

③ 체온 36도

수치형 데이터로써 양적 데이터입니다.

주의하여 구분할 부분은 온도의 경우 우리가 0이라는 기준점을 정해서 그 아래를 영하, 그 위를 영상으로 부르는 것으로 숫자의 사이에 계급이 나눠지는 등간형 데이터에 속합니다.

④ 140분으로 표현한 등교 시간

양적 데이터 중에서도 연속적인 값인 비율형 데이터입니다.

그럼 데이터 프레임의 속성을 나타내는 함수와 데이터의 일반적인 구분 형태와 해석 요령에 대하여 추가 정리하였습니다.

이외의 다른 것을 잠시 살펴보면, 다음과 같은 함수를 정리할 수 있습니다.

length(), NROW(), NCOL(), names() 함수도 사용됩니다.

데이터 프레임에서의 열의 개수를 알려주는 length() 함수가 있으며, 벡터와 데이터 프레임에서 모두 사용하는 NROW() 함수는 벡터에서는 벡터의 원소 개수를 나타내주고, 데이터 프레임에서는 행의 개수를 알려주는 역할을

합니다.

구분	length()	NROW()	NCOL()	names()
사용 범위	데이터 프레임(DF)	벡터+DF	벡터+DF	DF
내용	열의 개수	원소/행	원소/열	열이름

벡터와 데이터 프레임에 동시에 사용하는 NCOL() 함수도 NROW() 함수는 벡터로 알 수 있는 것은 원소의 개수이며, 데이터 프레임로 알 수 있는 것은 열의 개수를 알려준다. 데이터 프레임에서 names() 함수는 열의 이름을 나타냅니다.

3 데이터 프레임의 데이터 추출하기

전체 데이터에서 내가 꼭 필요한 일부를 선택 추출하는 방법을 말합니다.

추출을 원하는 특정한 행(row)과 열(col)을 각각 추출하거나 혹은 동시에 추출할 수 있는 기능을 말합니다. 두 개 이상의 다양한 데이터를 함께 추출하고자 할 경우, 특별히 다음과 같은 함수를 활용하여 추출합니다.

- 활용 함수 : c(), :, seq(), sequence(), rep(), paste() 함수

(1) 데이터 추출에 앞서, 어떻게 데이터가 생겼는지? 데이터의 일부 보기를 하는 방법 익히기

데이터 일부 보기의 주로 사용되는 함수 : head() 함수와 tail() 함수를 사용합니다.

함수의 사용 요령 : head(데이터명), tail(데이터명)을 실행합니다.

head() 함수는 데이터의 1행을 기준으로 아래로 선택하여 추출되는데, 데이터 1~6행의 데이터를 추출하여 출력해줍니다.

tail() 함수는 데이터의 마지막 행을 기준으로 위로 선택하여 추출 6개의 행의 데이터를 추출하여 출력해줍니다.

예제를 통하여 head() 함수의 사용 방법과 tail() 함수의 사용 방법을 알아봅시다.

ggplot2의 패키지의 내장 데이터를 활용하겠습니다.

〉library(ggplot2) #ggplot2 연동하기

〉head(diamonds) #1행부터 6행까지 diamonds자료 보여주기

〉head(diamonds, n=15) #1행부터 15행까지 diamonds자료 보여주기

화면을 R-studio의 메인 메뉴의 tool 박스의 글로벌 옵션값 중, pane layout의 위치를 조정하여 출력화면을 조정하였습니다.

혹시, 화면의 위치를 책과 동일하게 하려면 위의 내용을 참조하여 옵션값 조정하면 됩니다.

옵션값도 자주 변경하면서 자기 스타일에 맞는 화면을 구성하기를 바랍니다.

메뉴의 tool 〉 맨 아래 위치 글로벌 옵션 〉 pane layout 〉 위치 선택 〉 console

〉head(diamonds, n=3) #1행부터 3행까지 diamonds자료 보여주기(최대 20행까지 가능)

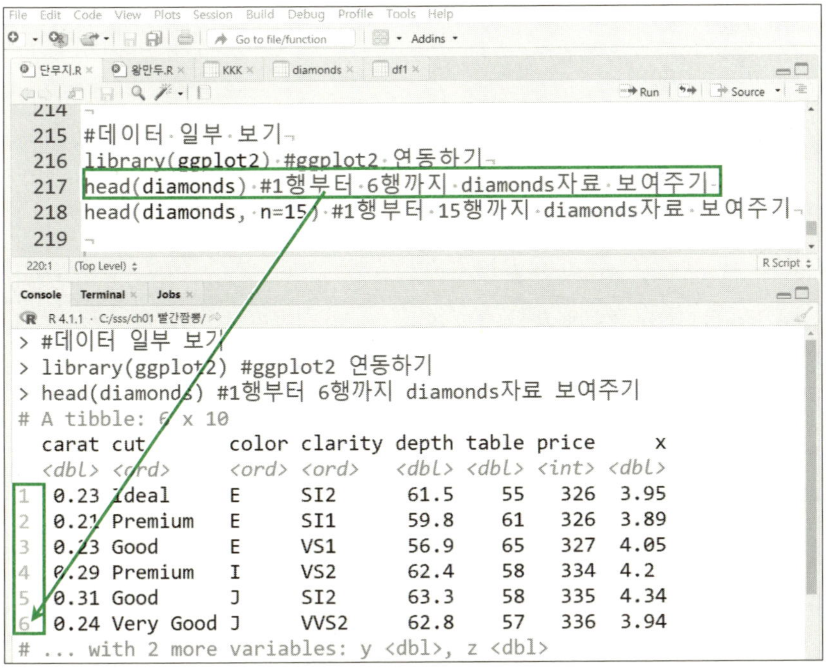

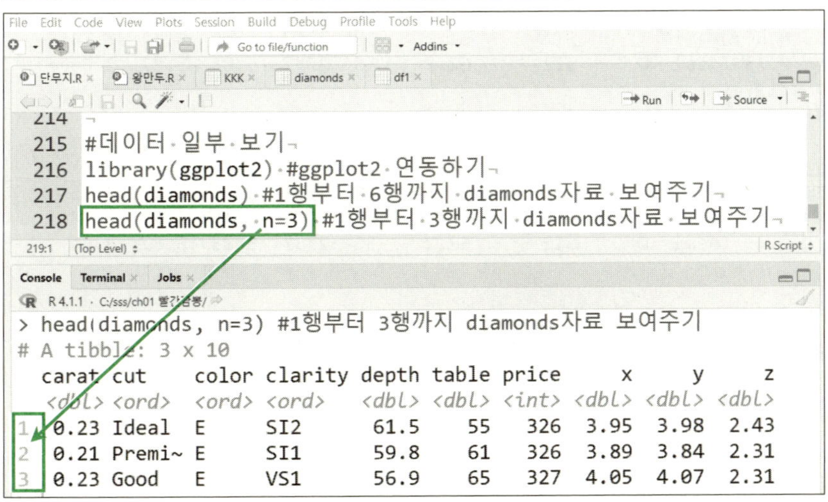

사용될 수 있는 n값은 최대 20까지로 20줄까지 보여주기가 가능하므로 무리하게 많은 데이터를 요구하더라도 20행까지 출력되는 것을 고려해야 합니다.

tail( )함수에 대하여 알아봅시다.

〉tail(diamonds)

〉tail(diamonds, n=3)

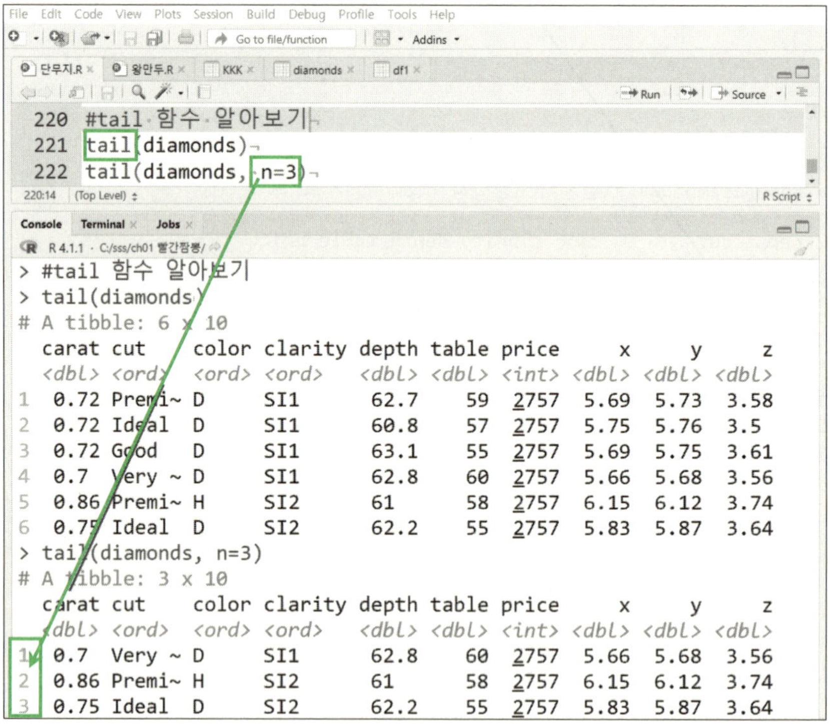

tail( ) 함수도 head( ) 함수와 마찬가지로 n값이 20개를 최대치로 20개까지 출력해줍니다.

(2) 열 추출하기

1) 사용 개념

데이터 일부 보기를 알아보았습니다. 데이터 보기가 끝나면 데이터 보기 결과를 참고해서 원하는 데이터를 추출하는 데이터 추출하기를 해야 할 텐데요.

정리하면, 데이터 추출을 행 데이터를 기준한 행 추출과 열 데이터를 기준한 열 추출 방식으로 나눌 수 있습니다.

① 함수의 형태 : 데이터[행index, 열index]

② 주로 2차원 형식의 행렬 데이터와 데이터 프레임에서 선택한 특정 열 데이터와 행데이터를 대괄호([ ])를 사용하여 추출하고, 대괄호의 데이터의 사이에 반드시 ","을 사용하여 구분합니다.

③ 콤마를 기준으로 앞에 있으면 행 데이터를 말하고, 뒤에 위치하면 열 데이터를 지정하는 것을 구분 바랍니다.

※ 중요 : 대괄호에 콤마(,)를 넣어서 행 데이터와 열 데이터를 구분합니다.

④ 데이터의 예시로 diamonds를 사용하겠습니다.

〉diamonds[, 1] #데이터의 첫 번째 열을 추출

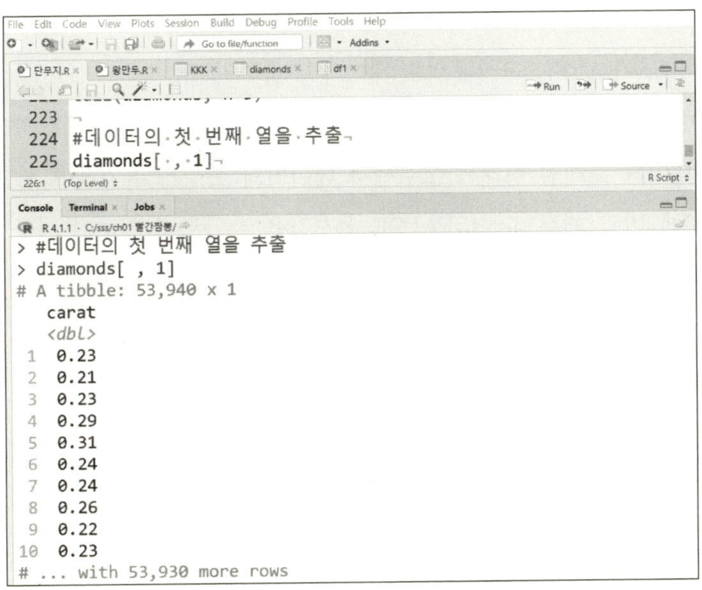

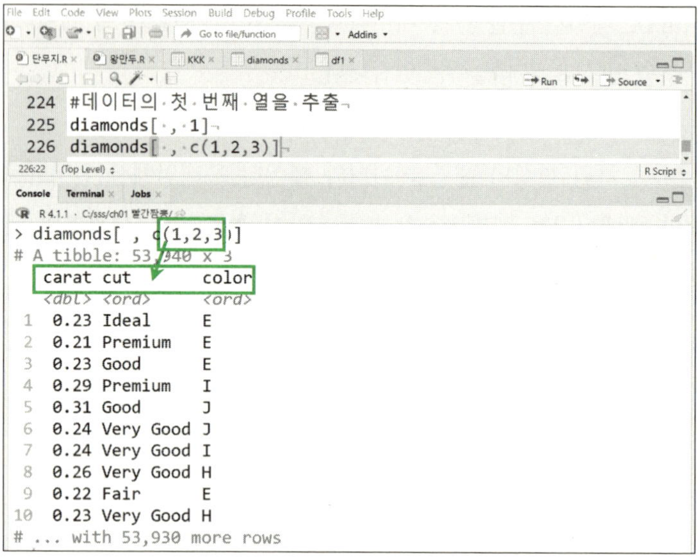

〉diamonds[, c(1,2,3)] #데이터의 1~3 열을 추출

⑤ drop=FALSE 옵션값으로 데이터 추출하기

데이터의 최종 결과를 좀더 명확게 사용하기를 바라거나, 벡터의 형태가 아닌 데이터 프레임 형태를 고수해서 데이터의 속성을 유지해야 할 경우가 생기는데 이럴 때는 drop=FALSE 옵션값을 추가로 삽입하여 사용합니다.

추출된 데이터의 값을 데이터 프레임으로 원하면 drop=FALSE를 삽입하여 옵션을 추가합니다.

〉aa=diamonds[, 1, drop=FALSE]

〉str(aa) #추출된 옵션값 데이터 속성 파악하기

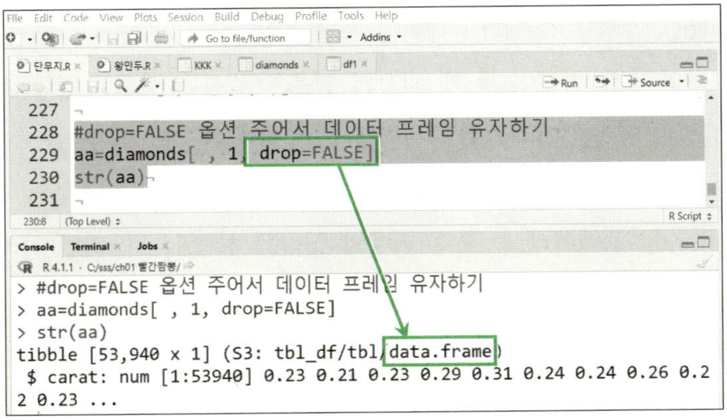

⑥ 콜론을 사용하여 연속 데이터 추출하기

선택된 두 개 이상의 열의 추출을 원하고 그 데이터값이 연속되어 있는 경우에는 콜론(:)의 활용을 권장합니다.

〉diamonds[, 7:10] #7~10번째 열을 가져오면 다음과 같습니다.

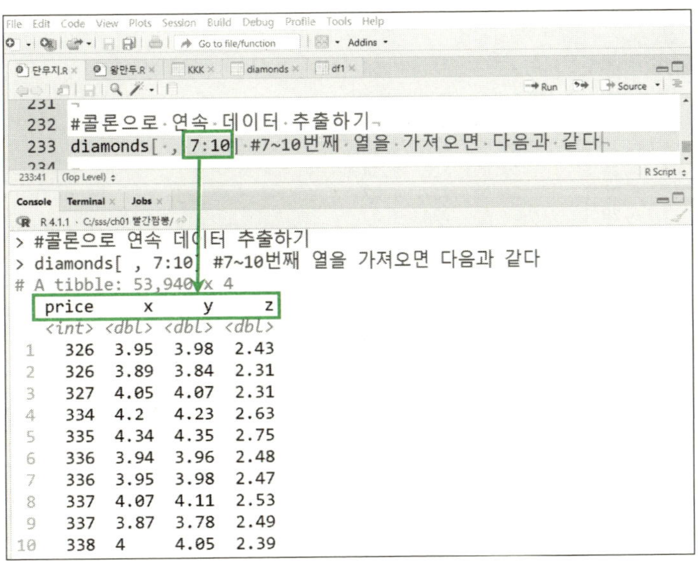

⑦ seq() 함수를 사용하여 데이터 추출 방법

데이터의 추출 항목이 두 개 이상의 열을 추출하는 것으로 판단되며, 그 해당 값들이 일정한 간격으로 나뉘어서 있는 열에 해당한 데이터를 추출하고자 한다면, seq() 함수를 사용해서 데이터를 추출합니다.

diamonds의 데이터 중 홀수 번째의 열들을 선택/추출하려면 아래와 같이 실습하면 됩니다.

```
>diamonds[ , seq(from=1, to=ncol(diamonds), by=2)]
```

"다이아몬드의 열 데이터를 기준으로 1부터 다아아몬드의 열 데이터의 수까지 2씩 차이가 나게 추출하세요"라고 해석하면 됩니다.

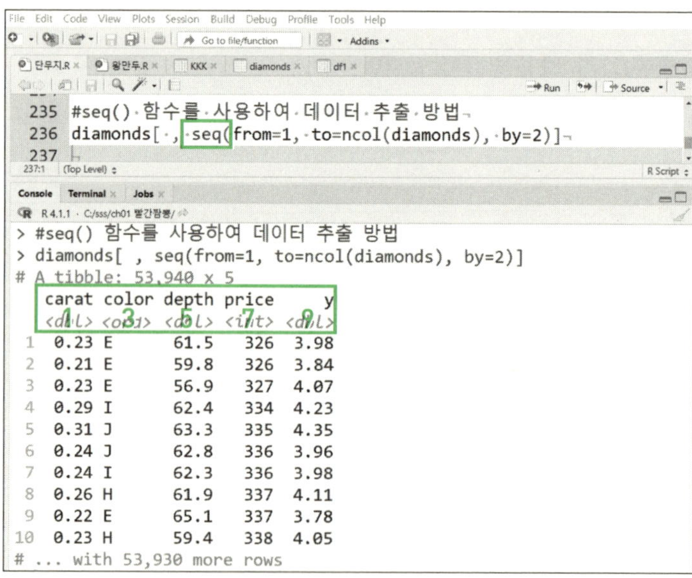

⑧ 변수명을 알고 있을 때 활용한 추출 방법

변수명을 알고 있는 경우를 고려하여 직관적으로 필요한 것을 변수명을 호명하듯이 데이터를 부르는 방법입니다.

예를 들어서 위치를 알고 있는 경우가 중고등학교 다닐 때 선생님께서 "오늘 몇일이니? 라고 하신 다음 6번, 16번, 26번 36번 나와서 풀어보세요".

라고 한 것이 위치를 알고 있는 경우로 이해했다면, 담임선생님의 수업 시간에 "심혁, 심훈, 나와서 문제 풀어봐" 하는 것이 변수명을 알고 있는 경우의 데이터 추출 정도로 이해해주기 바랍니다.

때문에, 데이터 추출은 위치나 변수명 중 하나를 기준으로 추출하며, 원하는 데이터의 변수명을 기준으로 다음과 같이 함수를 사용합니다.

〉diamonds[, c("cut", "price", "z")]

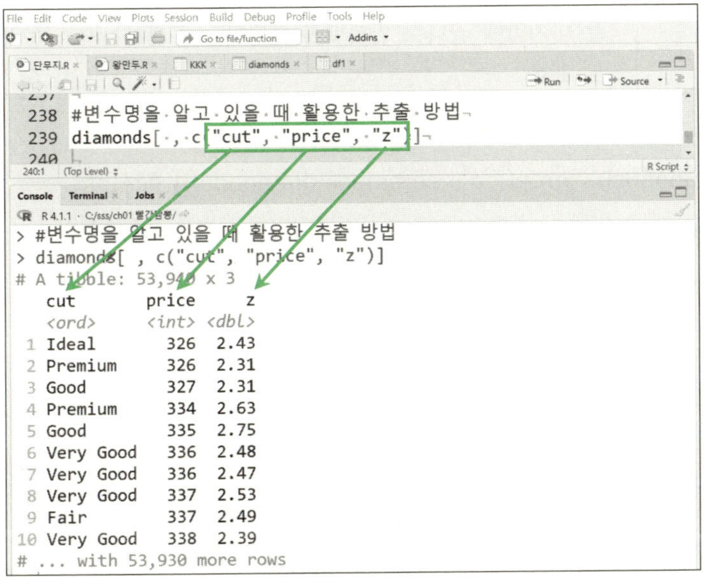

⑨ grep() 함수를 이용한 추출 방법

데이터의 변수명 중에서 특별히 고려할만한 특정 문자/기호로 시작되는 것이나 끝을 보이는 변수의 경우에 데이터를 고려하여 추출할 때 grep() 함수를 활용합니다.

grep (그렙) 함수를 좀 더 알아보면, 유닉스라는 프로그램을 위해 만들어진 명령어인데 그 기능이 텍스트 검색 기능을 포함한다는 것이 중요합니다.

그 이름은 유래가 비전공자에게는 이해가 어렵지만, 유닉스 ed의 명령어의 가장 유사한 요소를 가진 g/re/p에서 시작되었습니다. grep은 엄밀히 말하면 두 문자어(머리글자로 된 말)는 아니지만 global/regular expression/print에서 각각의 머릿글자를 따온 것입니다.

grep() 함수의 사용 요령

옵션값	내용
pattern	• a로 시작하는 것은 "^a"로 표기, a로 끝나는 것은 "a$"로 표기 • a를 포함하는 것은 "a"로 표기 지정 • 지정된 약속한 영어의 특정 알파벳 문자로 처음 시작하거나 혹은 마지막에 끝나는 알파벳이 해당하고 포함하는지를 문자형으로 표현

```
>diamonds[ , grep("^c", colnames(diamonds))] #c시작
>diamonds[ , grep("c", colnames(diamonds))]  #c포함
>diamonds[ , grep("c$", colnames(diamonds))] #c종료
```

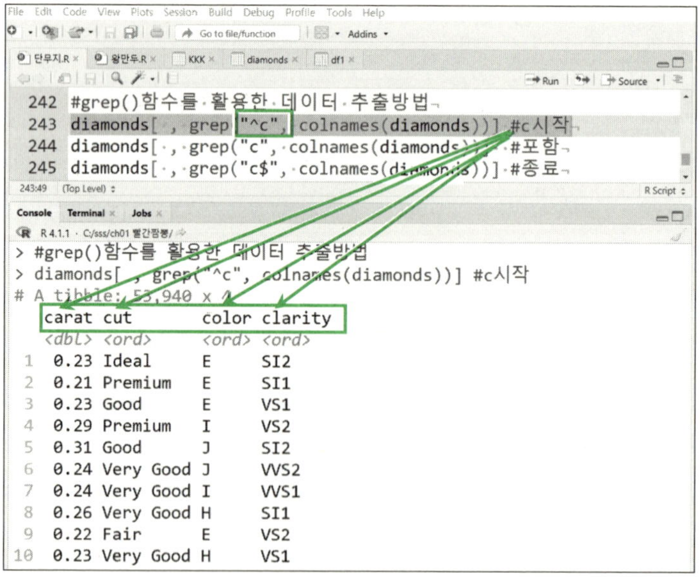

〉diamonds[, grep(“c”, colnames(diamonds))] #c포함

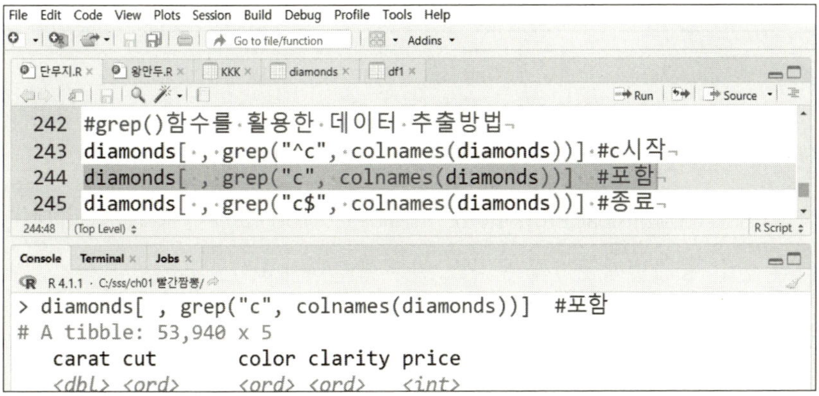

〉diamonds[, grep(“c$”, colnames(diamonds))] #c종료

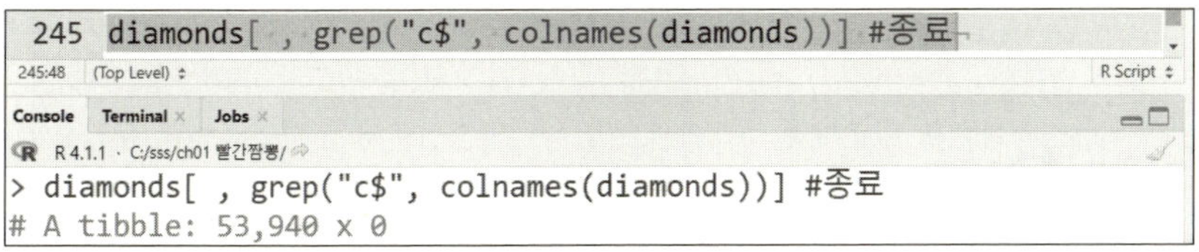

⑩ substr() 함수를 활용한 데이터 추출==원하는 문자를 개수만큼 선택함.

마지막으로 substr() 함수를 활용한 추출 방법으로 문자 중에서 일부를 추출하는 방법에 대하여 알아봅시다. 특정 데이터의 변수명 중에서 선택된 일부의 해당 문자를 추출하고, 추출된 문자형 데이터가 특정한 문자인지를 비교/검토하여 특정한 열을 추출하는 방법입니다.

설명은 어렵게 했지만, 실습을 통하여 쉽게 알아봅시다.

우선, substr() 함수의 사용 방법에 정의를 내리면 다음과 같습니다.

옵션값	내용
start	정수 형태로 시작할 문자의 위치를 표기합니다.
stop	정수 형태로 마지막 문자의 위치를 표기합니다.

substr( ) 함수를 활용하여 다이아몬드의 변수명 중 1번째 문자와 2번째 문자를 일부 추출하세요.

〉substr(colnames(diamonds), start=1, stop=2) #다이아몬드의 데이터의 변수 중 1번째 2번째 문자를 일부 추출하세요.

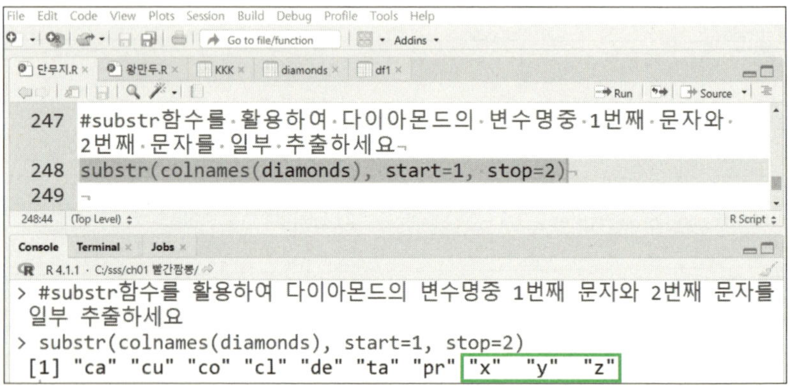

변수명 중에서 처음 두 개의 문자를 추출한 것을 볼 수 있지만, 변수명 자체가 한 개인 경우에는 문자를 한 개만 출력하는 것을 알 수 있습니다.

변수명 중에서 처음 두 개의 문자를 추출한 것이 "co"과 같은 열의 추출을 실습합시다.

〉diamonds[, substr(colnames(diamonds), start=1, stop=2) == "co"]

여기서는 [행 , 열] 위치의 ","를 기준으로 확인을 잘해야 합니다.

맨 마지막의 "=="는 "일치한다"라는 의미로 해석해서 "co라는 문자와 일치되는 변수 위치의 데이터 값을 다이아몬드의 일부 추출하세요"라고 이해해야 합니다.

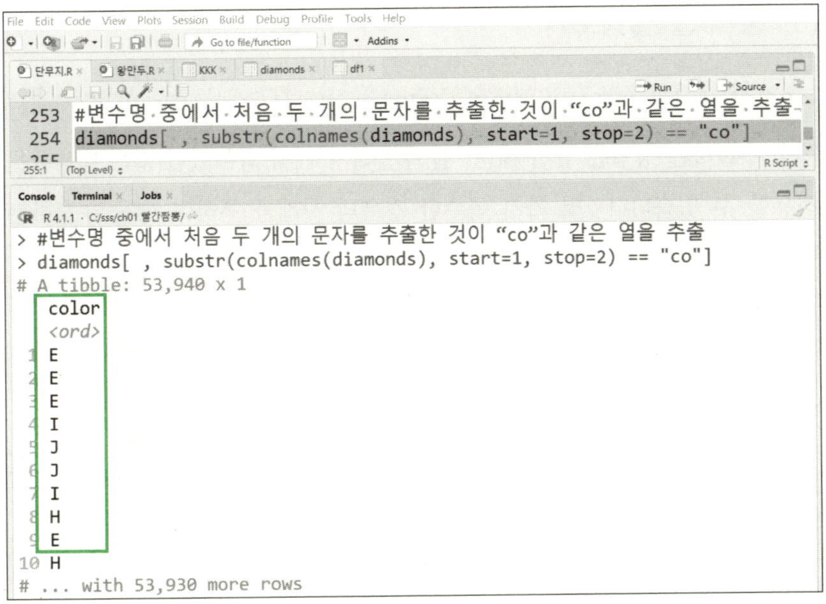

>diamonds[, substr(colnames(diamonds), start=1, stop=2) == "co"]의 출력값

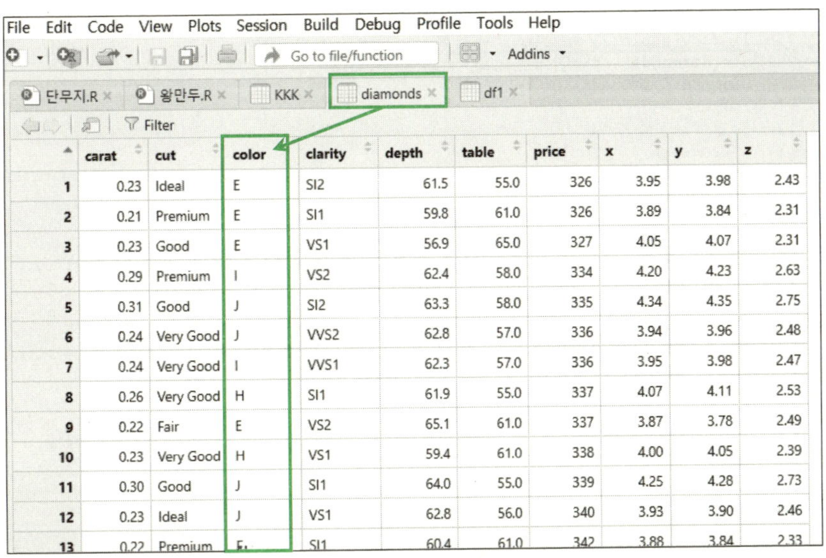

(3) 행 추출 실행보기

2차원 데이터로 구성된 매트릭스(행렬)와 데이터 프레임에서 특정/선택한 행을 추출하는 방법은 앞서 배운 "열 추출하기"에서 공부했던 많은 내용들을 적용할 수 있습니다. 몇 가지 특수한 경우의 사례를 통하여 행을 추출하는 방법을 알려드리고자 합니다.

① diamonds 데이터를 활용하여 아래와 같이 실습을 통해 진행하겠습니다.

다이아몬드의 변수와 구조를 우선 알아보고, 해당 특정 변수의 일부를 추출해봅시다.

```
>library(ggplot2) #ggplot2 연동하기
>str(diamonds)  #다이아몬드의 구조 알아보기
```

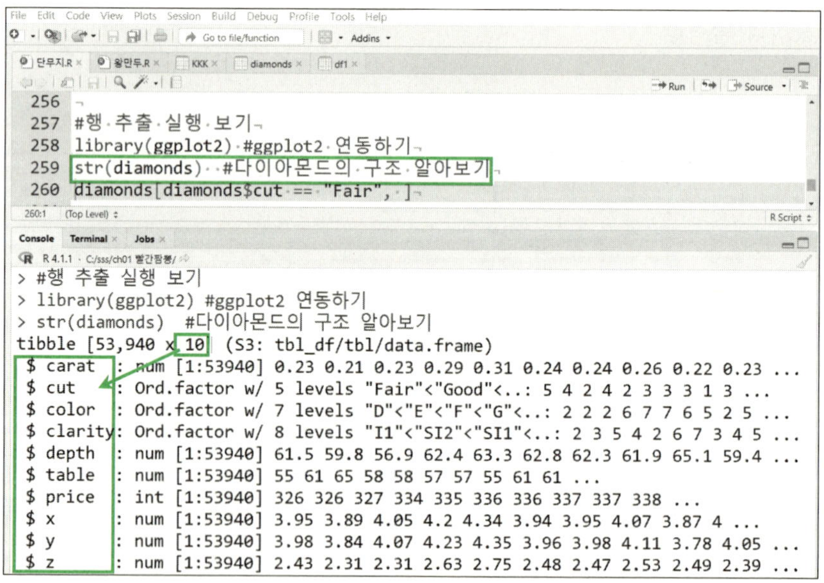

변수 cut에는 "Fair", "Good", "Very Good", "Premium", "Ideal"로 구

성이 되어 있습니다. 그 가운데, “Fair”에 해당하는 행만 추출합니다.

특히 str() 함수를 통하여 53,940가지의 열값에 10개의 행 변수로 이루어진 데이터란 것을 알 수 있습니다. 이 중에서 “cut”의 변수는 order.factor(순서형 범주형)로 구성되었고 그 속성에는 5가지의 등급으로 “Fair”, “Good”, “Very Good”, “Premium”, “Ideal”로 집단/그룹화된 것을 알 수 있습니다. 이런 5가지 구성 중에서 일부인 “Fair” 행을 추출하고자 한다는 것입니다. 이해되시죠?

다이아몬드의 cut 변수의 “Fair”와 일치되는 데이터를 추출하세요.

〉diamonds[diamonds$cut == “Fair”,]

아래 실습 결과를 확인해봅니다. “Fair”의 해당하는 데이터가 1,610개 있다는 내용이 확인 가능하고, 출력은 10개가 되었습니다. 그리고 그 뒤로 1,600개가 더 있다는 문구를 볼 수 있습니다.

다이아몬드의 cut 변수의 “Fair”와 일치되는 데이터를 추출하세요.

〉diamonds[diamonds$cut == “Fair”,]

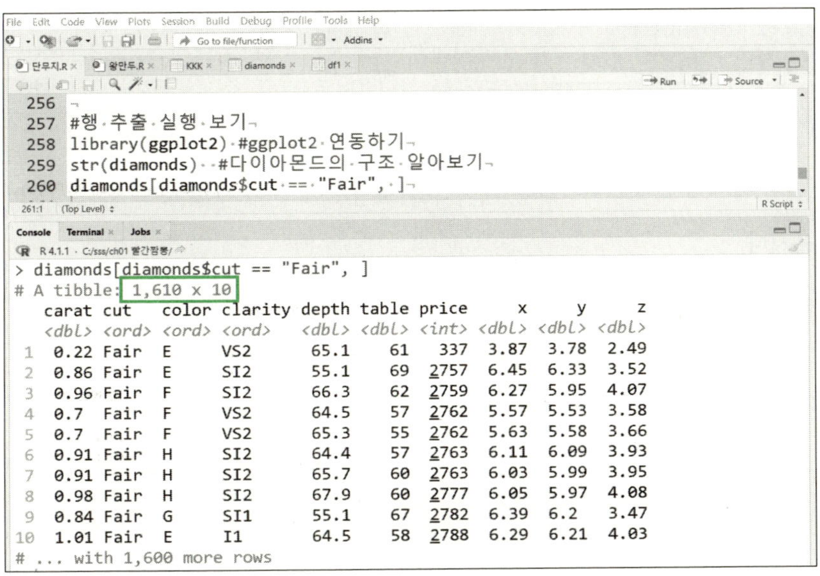

② 수치형 데이터를 추출해봅시다.

diamonds의 데이터 중 가격을 나타내는 수치형 자료를 추출하려고 합니다. 변수명은 price로 되어 있는 자료를 15,000달러 이상인 자료를 가져오려고 합니다.

diamonds의 price의 변수 중 15,000달러 이상만 추출해주세요.

〉diamonds[diamonds$price 〉= 15000,]

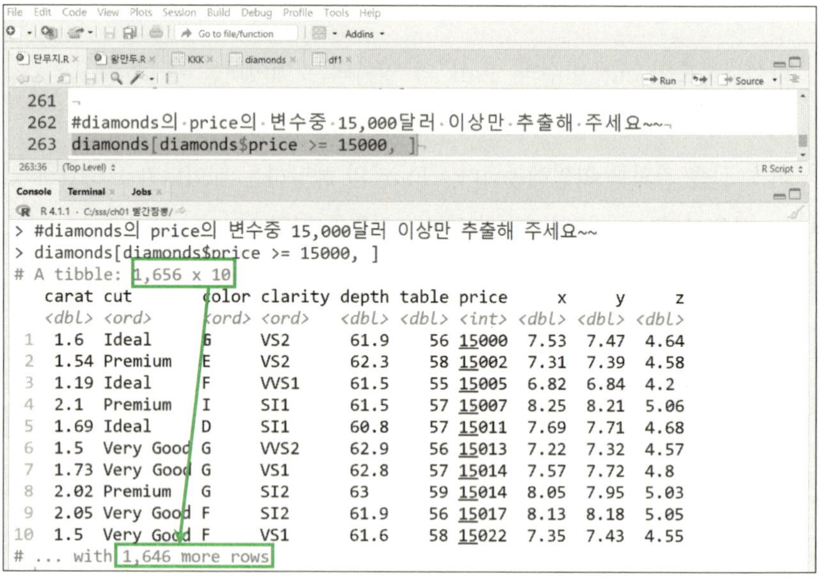

③ 범주형 데이터+수치형 데이터를 조건으로 같이 주고, 그 결과를 알아봅시다.

범주형 데이터에서 일부 조건을 추출하고 수치형 데이터에서 일부 조건을 추출하여 diamonds의 데이터에서 cut 변수의 해당 값이 "Good"이고 diamonds의 price 데이터가 10,000달러 이상인 데이터를 추출하고, 앞서 제시한 추출 조건을 동시에 만족한 데이터를 얻으려면 다음과 같은 AND의 조건 명제를 사용하면 됩니다.

데이터명[행(조건식1)$(조건식2),]

〉diamonds[(diamonds$cut == “Good”) & (diamonds$price 〉= 10000),]

우선 코딩시 [행, 렬]의 위치에서 “,”를 기준으로 한 행의 위치를 고려하여 &를 활용한 조건식을 각각 만족하는 관계식을 만들어봅니다.

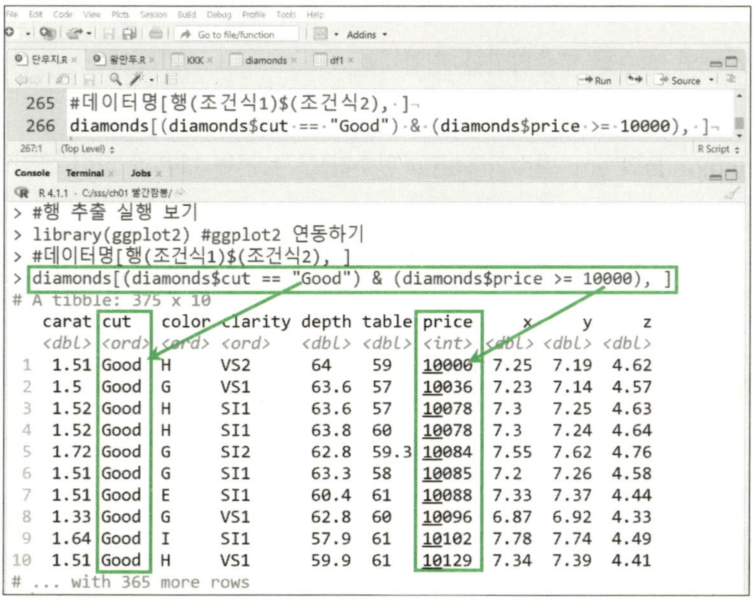

데이터는 375개의 데이터값이 나타납니다.

※ OR 명령어를 활용한 예

〉 diamonds[(diamonds$cut == “Good”) | (diamonds$price 〉= 10000),]

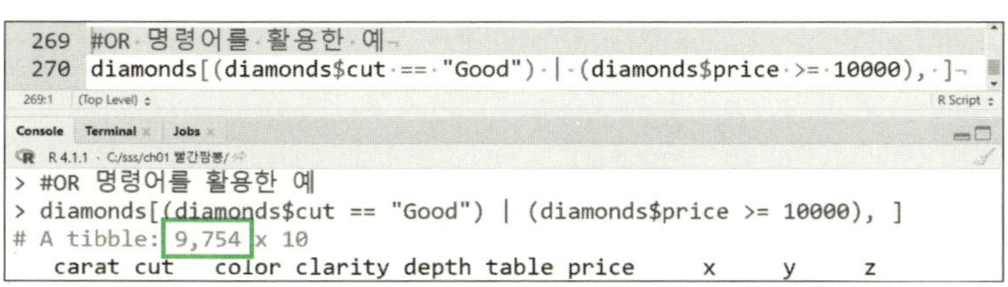

(4) 행의 일부 데이터와 열의 일부 데이터 추출하기

diamonds의 데이터에서 특정 행과 특정 열을 동시에 선택 및 추출하는 방법을 알아봅시다. 추출을 원하는 특정 행과 열에 각각의 위치를 지정하면 손쉽게 가능합니다.

우린, diamonds 데이터의 변수 중 cut 변수의 “Fair”인 값과 diamonds의 x, z의 변수를 추출하기를 원합니다.

diamonds의 cut 변수의 value(변수값)를 보려면 다음과 같이 클릭하면 됩니다.

diamonds의 스크랩터 창 선택 〉 filter 선택 〉 cut 아래의 all 박스 선택

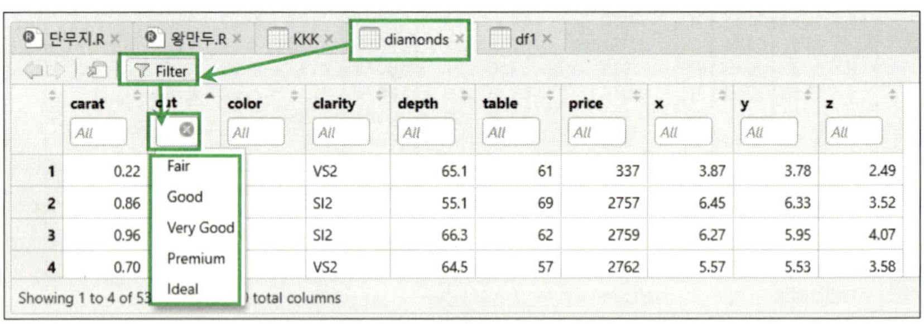


```
〉diamonds[diamonds$cut == “Fair”, c(“x”, “z”)]
```

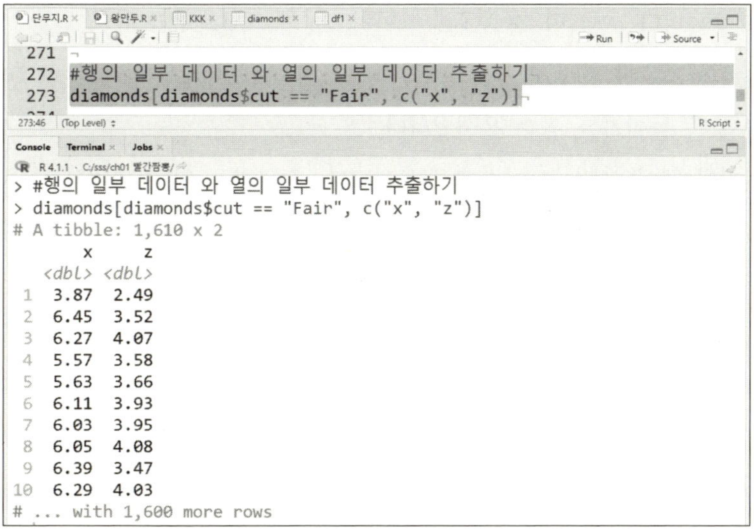

4 데이터 프레임의 데이터 정렬하기

우선 데이터의 정렬을 시작하기 전에 데이터 정렬은 왜 필요한가를 생각해봅시다.

데이터의 정렬은 말 그대로 데이터를 순서대로 줄 세우기를 한다는 의미입니다. 줄을 세운다. 줄을 세워서 연구자가 결론을 보기 편하고 쉽게 알아차릴 수 있도록 그래프를 작성하되 도움이 되기를 위해서 정렬을 실시합니다.

특히, 정렬 작업은 데이터를 분석 후, 가설을 검증할 때 임의의 데이터(random data)를 추출하여 그래프를 plot() 함수를 사용하기 전 srot(정렬)하여 자료값을 정제 후 분석에 사용합니다.

데이터 정렬의 방법은 오름차순과 내림차순으로 진행합니다. 오름차순은 먼저 설명하면 데이터가 한글이면 가나다순으로 'ㄱ'으로 시작하는 것이 우선 적용됩니다. 영어인 경우에는 당연히, 'a'가 적용되겠죠.

숫자인 경우가 가장 많이 사용됩니다. 특히, 보고서에서 막대나 원그래프 작성시 꼭 들어가는 필수 옵션입니다.

수치형 데이터에서는 이렇게 사용합니다. 포함하고 있는 데이터 중 최소의 값이 먼저 출력되도록 정렬하는 방식인 내림차순으로 데이터를 정렬하고 난 뒤 그래프로 나타냅니다.

오름차순은 내림차순의 반대입니다. 그냥 두면 기본 세팅이 오름차순으로 되어 있기 때문에 자동으로 오름차순으로 진행됩니다. 그럼 내림차순일 때만 해당 옵션값을 넣어주시면 됩니다.

R에서 데이터의 정렬을 진행하기 전에 꼭 기억할 것이 sort() 함수는 벡터 사용, order() 함수는 데이터 프레임 사용입니다.

옵션값	내용
sort	벡터 데이터의 정렬
order	데이터 프레임의 데이터 정렬

order() 함수의 사용 의미는 데이터를 정렬 후 그 해당 위치(index)를 정수형으로 출력한다는 의미입니다. 최종적인 결과가 데이터 프레임을 정렬해 주는 것으로 생각하면 안 됩니다. 데이터 출력의 기본 형태는 오름차순으로 나타납니다. 실행해보죠.

※ 데이터 정렬하기 실습

```
>lotto=c(32,14,40,24,1,17)
>sort(lotto) #오름차순
>sort(lotto, decreasing=TRUE) #내림차순
>order(lotto) #오름차순
```

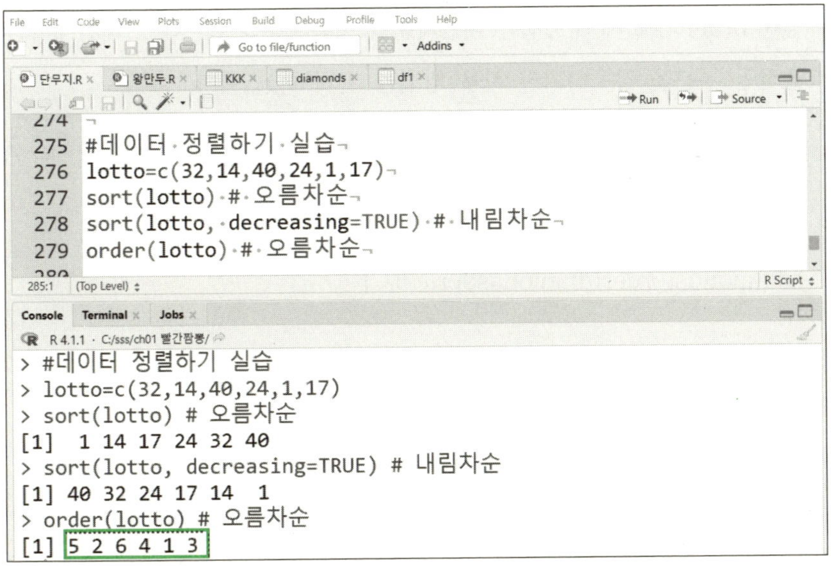

① 변수명을 활용한 데이터 오름차순/내림차순으로 추출하기

결과적으로 sort() 함수의 결과와 같아진다는 것을 알 수 있습니다.

```
>lotto[order(lotto)] #오름차순
>lotto[order(lotto, decreasing=TRUE)] #내림차순
```

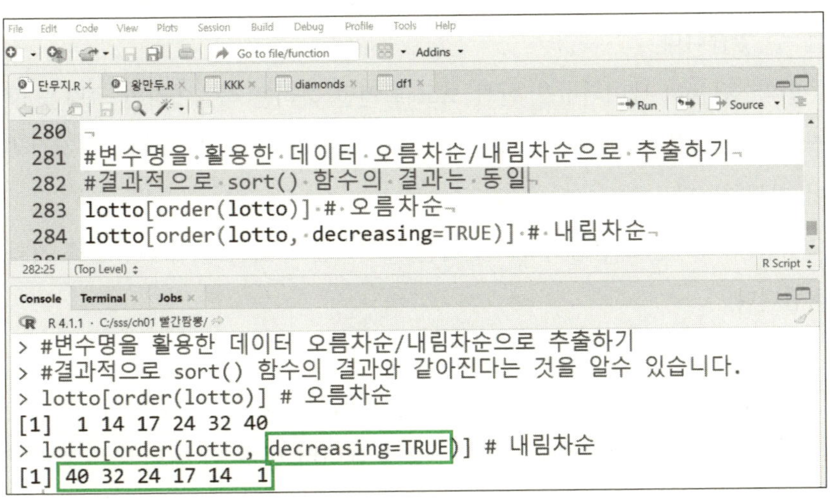

앞서 order의 실제 사용법은 내림차순과 오름차순의 데이터 프레임에서의 효율적인 부분을 강조하고자 사용 방법을 알려드렸습니다.

② 패키지 데이터로 실습해보는 order +데이터 프레임

오름차순으로 diamonds$price의 데이터 프레임 데이터를 정렬하세요

〉diamonds[order(diamonds$price),]

```
> diamonds[order(diamonds$price), ]
# A tibble: 53,940 x 10
   carat cut       color clarity depth table price     x     y
   <dbl> <ord>     <ord> <ord>   <dbl> <dbl> <int> <dbl> <dbl>
 1  0.23 Ideal     E     SI2      61.5    55   326  3.95  3.98
 2  0.21 Premium   E     SI1      59.8    61   326  3.89  3.84
 3  0.23 Good      E     VS1      56.9    65   327  4.05  4.07
 4  0.29 Premium   I     VS2      62.4    58   334  4.2   4.23
 5  0.31 Good      J     SI2      63.3    58   335  4.34  4.35
 6  0.24 Very Good J     VVS2     62.8    57   336  3.94  3.96
 7  0.24 Very Good I     VVS1     62.3    57   336  3.95  3.98
 8  0.26 Very Good H     SI1      61.9    55   337  4.07  4.11
 9  0.22 Fair      E     VS2      65.1    61   337  3.87  3.78
10  0.23 Very Good H     VS1      59.4    61   338  4     4.05
# ... with 53,930 more rows, and 1 more variable: z <dbl>
```

diamonds$price의 변수 부분을 살펴보면 오름차순으로 변한 것을 살펴볼 수 있습니다.

만약, 단순히 데이터값을 한번 보고 확인만 하려는 목적이라면 코딩을 할 필요 없이 다음과 같이 클릭으로 데이터의 오름차순과 내림차순의 조건검색이 가능합니다.

정렬의 목적은 조건검색으로 원하는 데이터를 구하는 것이라는 점을 기억 바랍니다.

③ 클릭을 통한 diamonds의 carat 데이터 오름차순 정렬하기

diamonds의 스크립트창 선택 〉 carat 데이터 변수 위 세모 버튼 클릭 〉 완료

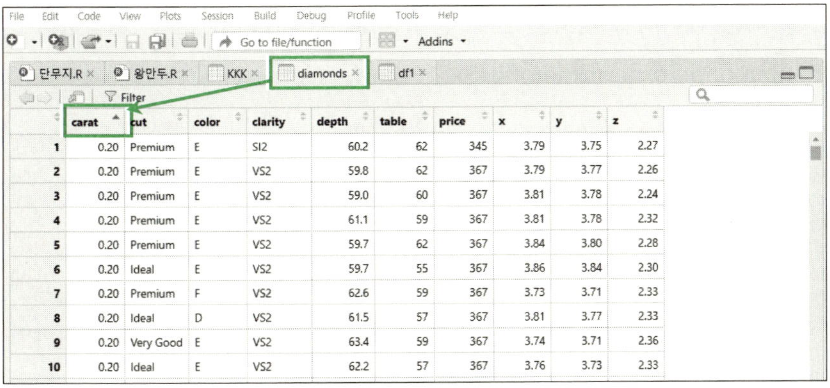

	carat	cut	color	clarity	depth	table	price	x	y	z
1	0.20	Premium	E	SI2	60.2	62	345	3.79	3.75	2.27
2	0.20	Premium	E	VS2	59.8	62	367	3.79	3.77	2.26
3	0.20	Premium	E	VS2	59.0	60	367	3.81	3.78	2.24
4	0.20	Premium	E	VS2	61.1	59	367	3.81	3.78	2.32
5	0.20	Premium	E	VS2	59.7	62	367	3.84	3.80	2.28
6	0.20	Ideal	E	VS2	59.7	55	367	3.86	3.84	2.30
7	0.20	Premium	F	VS2	62.6	59	367	3.73	3.71	2.33
8	0.20	Ideal	D	VS2	61.5	57	367	3.81	3.77	2.33
9	0.20	Very Good	E	VS2	63.4	59	367	3.74	3.71	2.36
10	0.20	Ideal	E	VS2	62.2	57	367	3.76	3.73	2.33

지금 설명드린 방식은 단순히 데이터를 확인차 보기 위한 방식입니다. 또한 여러 개의 조건을 주어도 사용이 가능한 부분입니다(carat의 오름차순+price의 내림차순=가능).

앞서 설명드린 점을 고려하면 이렇게 정리할 수 있는데요.

정렬 기본은 오름차순이고, 내림차순을 적용하려면 decreasing=TRUE를 옵션으로 지정해야 합니다. 만약 조건 추출을 하기 위하여 두 개 이상의 원하는 기준으로 데이터를 정렬하려면 order() 함수를 사용하고 (,)로 구분을 해야 합니다.

함수의 적용 우선순위는 order() 함수에 처음 들어간 해당 변수명이 적용됩니다.

④ diamonds의 x변수를 오름차순으로, diamonds의 y변수를 오름차순으로 정렬하기

```
>diamonds[order(diamonds$x, diamonds$y), ]
```

⑤ diamonds의 x변수를 내림차순으로, diamonds의 y변수를 내림차순으로 정렬하기

```
>diamonds[order(diamonds$x, diamonds$y, decreasing=TRUE), ]
```

⑥ 특정 데이터 오름차순 변수 정렬 적용 후 내림차순 변수 정렬하기

```
>diamonds[order(diamonds$x, -diamonds$y), ]
```

데이터의 정렬 조건이 각각 다르게 주어지면, 순서대로 오름차순으로, 어떤 변수는 내림차순으로 정렬 후 출력하기를 바랍니다.

기본은 오름차순으로 진행되는 것을 기준으로 적용 후에 해당 변수 앞에 "–" 부호를 붙여서 사용하면 기본 정렬 조건의 반대라는 표현으로 인식하여 내림차순이 적용됩니다.

반드시 해당 변수가 수치형으로 되어 있는지 확인합니다.

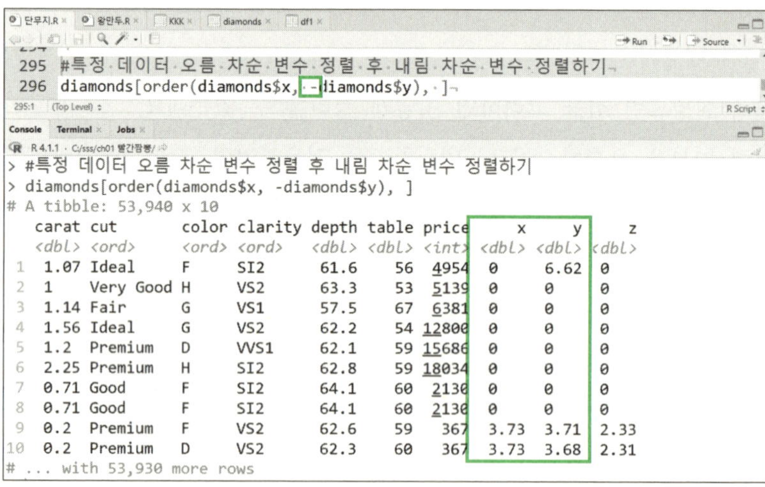

만약 수치형으로 되어 있지 않다면 패키지의 도움을 받아서 문제를 해결할 수 있습니다.

좀 더 쉽게 구체적인 예를 활용하여 설명드리면 다음과 같습니다.

우리가 알고 있는 diamonds의 변수는 str() 함수를 활용해보면 변수의 속성을 알 수 있는데 변수를 살펴보면 다음과 같습니다.

```
>str(diamonds)
```

```
> str(diamonds) #다이아몬드의 데이터의 구조를 알려줘요~~
tibble [53,940 x 10] (S3: tbl_df/tbl/data.frame)
 $ carat  : num [1:53940] 0.23 0.21 0.23 0.29 0.31 0.24 0.24 0.26 0.22 0.23
 $ cut    : Ord.factor w/ 5 levels "Fair"<"Good"<..: 5 4 2 4 2 3 3 3 1 3 ...
 $ color  : Ord.factor w/ 7 levels "D"<"E"<"F"<"G"<..: 2 2 2 6 7 7 6 5 2 5 .
 $ clarity: Ord.factor w/ 8 levels "I1"<"SI2"<"SI1"<..: 2 3 5 4 2 6 7 3 4 5
 $ depth  : num [1:53940] 61.5 59.8 56.9 62.4 63.3 62.8 62.3 61.9 65.1 59.4
 $ table  : num [1:53940] 55 61 65 58 58 57 57 55 61 61 ...
 $ price  : int [1:53940] 326 326 327 334 335 336 336 337 337 338 ...
 $ x      : num [1:53940] 3.95 3.89 4.05 4.2 4.34 3.94 3.95 4.07 3.87 4 ...
 $ y      : num [1:53940] 3.98 3.84 4.07 4.23 4.35 3.96 3.98 4.11 3.78 4.05
 $ z      : num [1:53940] 2.43 2.31 2.31 2.63 2.75 2.48 2.47 2.53 2.49 2.39
```

diamonds의 변수를 파악해보면 크게 질적 자료와 양적 자료로 나뉘며, cut, color, clarity는 질적 자료를 나타내는 범주형 데이터를 의미합니다.

따라서 범주형 데이터를 올림/내림차순으로 적용하여 표현하려면, cut 변수를 기준으로 오름차순 정렬하고, 그 다음으로 color 변수를 내림차순으로 정렬하려면 어떻게 해야 할까요?

diamonds[order(diamonds$cut, −diamonds$color),]를 사용하려 한다면 크게 오산입니다.

실행 결과는 당연히 오류(error)가 발생합니다. 오류의 원인은 cut과 color 변수가 ord.factor 형태로 순서형 범주형 데이터의 속성이기 때문입니다.

이러한 오류 문제를 해결하려면 패키지의 도움을 받아서 해결하는 것입니다. data.table 패키지에 setorder() 함수를 권장해 드립니다.

데이터를 핸들링의 data.table 패키지가 대표 주자일만큼 유용한 패키지니 꼭 기억바랍니다.

그럼 적용해봅시다.

```
>install.packages("data.table")
>library("data.table")
>xx = as.data.table(diamonds) #강제 변환을 통하여 데이터 프레임구
```

조를 데이터 테이블로 변환해보았습니다.

〉setorder(xx, cut, −color)

〉xx

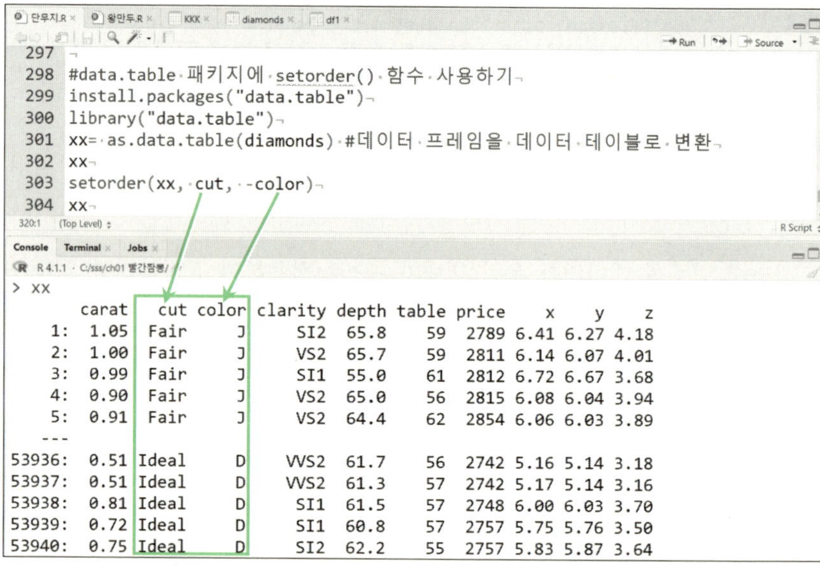

이렇듯 변수의 데이터를 오름차순과 내림차순을 각각 다르게 해서 원하는 데이터를 추출하는 것이 가능하며, 필요한 패키지의 도움으로 손쉽게 해결하는 것을 알 수 있습니다.

PART 6

질적(범주형) 데이터의 분석

1. 통계의 시작 - 데이터의 개념과 이해
2. 빈도와 백분율의 개념
3. 질적 자료와 그래프(막대+원)
4. R을 이용한 일변량 질적 자료의 분석

학습 목표

- 질적(범주형) 데이터의 분석과 그래프 활용을 알아봅시다.
  - 빈도와 백분율로 데이터보기
  - 빈도_막대그래프와 백분율_원그래프의 특성을 알아봅시다.
  - 범주형 데이터의 분석 후 해석의 체크 포인트를 알아봅시다.

학습 가이드 및 주요 함수

- 데이터의 구분은 정형 데이터, 비정형 데이터, 반정형 데이터로 구분하는 것이 일반적입니다.
- 데이터의 형태에 따른 데이터의 종류로 구분해보면, 질적 자료인 범주형 데이터와 양적 자료인 수치형 데이터로 나눌 수 있습니다. 또한 질적 자료는 형태적 분석하는 방안으로 표(빈도, 백분율)를 사용하고 데이터의 시각적 표현으로 그래프(막대그래프, 원그래프)를 알아보고, 데이터의 중요한 특징을 탐색하여, R을 활용한 빈도와 백분율, 시각적인 막대그래프와 원그래프의 주요 특징을 알아봅시다.

〈주요 함수〉

table, prop.table, barchart, pie

1 통계의 시작 – 데이터의 개념과 이해

(1) 데이터 수집과 정리

통계학의 3대 큰틀에 대하여 논하면, "통계학은 크게 보면 다음과 같은 3가지 주제를 연구하는 학문이라 할 수 있다(Fisher(1935))."

① 표본(sample)과 모집단(population)

② 데이터의 축약 방법(methods of data reduction)

③ 변동(variation)

위에서 말한 주제 3가지는 모든 원데이터 자료분석시 동시에 나타나는 문제들입니다.

모집단에 포함되는 변동, 즉 모집단을 구성하는 요인과 개체는 제각각 나타내는 변량값이 다르므로 변동을 발생하며, 우리가 알고자 하는 전체 모집단을 한번에 전체적으로 확인할 수 없으므로 표본을 통하여 바라보게 됩니다. 모집단이 품고 있는 정보를 간편하게 요약하기 위하여 분석가는 표본을 참고하여 탐색하고, 요약합니다.

모집단으로 대변되는 많은 실상의 문제에서 관심의 대상이 되는 모든 자료를 수집하여 가공하고 데이터화를 만든다는 것이 불가능하거나 어려운 일이며, 시간과 돈이 많이 소요됩니다. 따라서 많은 일부만을 추출하여 조사해서 샘플을 통한 데이터의 추정을 하고자 합니다. 내가 알고자 하는 전체 집단을 모집단(population)이라 정의하며, 이 모집단을 통계적 기법으로 계산하고 처리하여 모집단에서 추출한 관측값이나 측정수치를 표본 추출하는 틀에 넣어 선별한 집합을 표본(sample)이라고 정의합니다. 이 정리를 쉽게 풀어 쓰면 다음과 같습니다.

"모집단에서 표본을 골고루 섞어 잘 뽑으면 표본의 수가 커짐에 따라 점점 표본은 모집단을 닮아간다"라고 정의할 수 있습니다.

(2) 통계학의 유형

통계학을 크게 두 가지 유형으로 구분하면 기술통계학(descriptive statistics)과 추측통계학(inferential statistics)으로 구분할 수 있습니다.

1) 기술통계학(Descriptive Statistics)

기술통계학은 통계적 자료의 기술에 관한 학문이라 할 수 있습니다. 즉 통계적 자료는 전수조사에 의해서 얻은 것을 전제로 하고 그 목적은 집단의 기술로 합니다. 즉 도수분포, 집단의 특성값(평균, 분산 등), 상관 및 회귀분석 등을 대상으로 합니다.

표본조사에 의해서도 위의 분석을 시도할 수 있습니다. 그것은 모수 추정을 위한 것입니다. 이러한 점에서 기술통계학은 K. Pearson까지의 통계학과 대륙 특히, 독일에서 발달된 통계학을 뜻합니다(기술통계학[descriptive statistics] (사회복지학사전, 2009.8.15, 이철수)).

한눈에 파악하기가 쉽지 않은 방대한 자료를 대상으로, 데이터의 중심을 나타내는 대표값(평균, 중앙값, 최빈값), 분포(표준 편차, 분산)를 나타내는 각 수치의 변동의 크기를 간단히 정리한 자료를 수집하고 시각화하여 표를 만들거나 자료를 요약하여 대표값이나 변동의 크기 등을 구하는 방법을 다루는 분야를 기술통계학이라 합니다.

2) 추측통계학(Inferential Statistics)

추계학이라고도 하고 근대통계학이라고도 합니다. 통계분석 중 부분에서 전체를 추측하는 학문입니다. 통계적 관찰의 대상이 되는 단위의 집합을 모집단이라 하고 그 부분 집단을 표본이라 합니다. 만일 모집단의 일부를 빼내서 조사하여 전체를 추측할 수 있을 확률이 높으면 조사비용과 조사기간의 절약이란 점에서 크게 도움이 됩니다.

추측통계학은 모집단에서 표본을 택하여 그 표본치를 내고 여기에 의하여 모집단의 모수를 추측하는 방법이며 또 추측의 논리를 확립하기 위한 학문입니다(추측통계학[推測統計學, inductive statistics] (경제학사전, 2011.3.9, 박은태)).

유형	특징
기술통계학	• 자료의 수집(collection), 정리, 요약(summary) • 자료의 전반적인 구조(overall structure)
추측통계학	• 통계적 모형(statistical model) • 모수(parameter)에 대한 통계적 추론(statistical inference) • 통계적 추측과 예측(statistical prediction and statistical forecasting)

(3) 데이터의 정의와 개념

통계적 개요를 바탕으로 요약하여 설명드리면, 데이터란 통계분석의 대상이 되는 모집단이나 표본집단의 특성값은 숫자나 문자로 표현되는데 이들을 '데이터' 또는 '자료'라고 합니다.

1) 수집 완료된 데이터/자료 종류의 구분

통계분석을 위한 자료수집 후의 사용하는 데이터는 목적에 따라서 차이를 볼 수 있지만, 단순히 연구 목적을 위해 별도로 수집하는 1차 데이터와 다른 연구자를 통하여 자료화된 다른 곳에서 수집 및 요약 정리된 2차 데이터로 분류됩니다.

① 1차 데이터의 관점

직접 대상을 선정하여 수집하는 데이터를 말합니다. 분석 목적에 맞게 자료수집을 하다 보니 시간과 비용이 많이 소요됩니다.

② 2차 데이터의 관점

앞서 어떤 목적과 동일한 것이 아닌 다른 목적을 위해 다른 연구자가 과거에 수집된 데이터를 바탕으로, 분석이 완료된 가공 데이터를 말합니다(2차 데이터를 고려하는 이유는 비용과 시간적인 측면이 저렴하고 빠르기 때문에 통계분석을 바로 진행했을 경우 효율성 측면에서 도움이 되기 때문입니다).

2) 형태에 따른 데이터 종류의 구분

질적(범주형) 데이터와 양적(수치형) 데이터 형태에 따라 간결하게 구분합니다.

① 질적(범주형) 데이터

범주화 데이터. 그룹/집단으로 나누어지는 데이터, 계산할 수 없는 데이터입니다.

- 명목형 : 구분자에 의한 명칭으로 분류한 데이터, 수치의 의미가 없습니다.
  예) 혈액형(1 : A, 2 : B, 3 : O, 4 : AB), 성별(1 : 남자, 2 : 여자), 출퇴근시 교통수단(1 : 도보, 2 : 자차, 3 : 대중교통)
- 순서형 : 분석을 수행하려면 명목형을 그대로 사용할 수 없으므로 수치화해야 합니다, 구분자의 수치에 의미를 부여하여, 각각의 수치들이 순서를 정할 수 있으며, 등호 관계가 성립할 정도로 명목형의 그룹 데이터를 수치로 변환한 데이터를 말합니다.
  예) 만족도(불만족 : 1, 보통 : 2, 만족 : 3, 매우 만족 : 4)

② 양적(수치형) 데이터

수치형 데이터를 말합니다. 수치로 표시된 데이터를 조사 목적에 따라 구분한 데이터입니다.

- 등간형 : 데이터인 숫자의 간격에 의미가 있는 데이터입니다.
  데이터가 없다는 의미의 0값이 존재하지 않는 데이터입니다.
  예) 설문 문항 좋음 3, 보통 2, 나쁨 1
  온도 : 0도에 비해 낮으면 영하(−16°), 높으면 영상(21°)

• 비율형 : 수치의 크고 작은 값의 차이 자체에 의미가 있는 데이터입니다. 없다는 의미의 0값이 존재하는 데이터입니다.
수치(정수/소수)로 표현이 가능한 데이터를 중심으로, 최빈수, 평균, 중위수 등의 계산을 할 수 있는 데이터입니다.
• 이산형 : 셀 수 있는 정수로 표시할 수 있는 데이터, 정수로 나타나는 데이터입니다.
예) 가족 구성원의 수(2), 나이(45) 등이 속합니다.
• 연속형 : 연속적인 수치로, 정수로 딱 떨어지지 않는 데이터, 소수로 나타냅니다.
예) 길이(12.5cm), 무게(3.25kg) 등이 속합니다.

수집된 데이터의 속성을 살펴봅시다.

인포스닷컴 출근시간표

순번	성별	나이	지역	출퇴근 소요시간(분)
1	남자	20	지방	23
2	여자	21	수도권	50
3	남자	25	지방	70
4	여자	33	수도권	40
5	여자	31	지방	50
6	남자	32	지방	60
7	남자	24	수도권	50
8	남자	22	지방	60
9	여자	56	지방	60
10	남자	23	지방	80
11	여자	55	지방	50
12	남자	41	지방	90
13	남자	41	수도권	50
14	여자	39	지방	40
15	남자	21	지방	20

• 순번 : 응답자 식별ID
• 성별, 나이, 지역, 출퇴근 소요 시간 : 설문 조사의 변수

(4) 데이터의 종류 구분

- 성별, 지역 : 명목형 데이터, 질적 데이터
- 나이, 출퇴근 소요 시간 : 수치 데이터, 비율형 데이터, 양적 데이터(출퇴근 소요 시간을 조사한 이 표에서 순번은 응답자의 식별 ID가 됩니다. 성별, 나이, 지역, 출퇴근 소요 시간은 각각 이 설문 조사의 변수가 됩니다. 그리고, 각 변수를 구성하는 데이터를 확인해보면 성별은 '남자', '여자'를 구분하는 명목형 데이터, 즉 질적 데이터입니다. 데이터에 따라 각각 그룹이 되는 범주형 데이터가 됩니다. 지역도 마찬가지로 명목형 데이터이면서 범주형 데이터, 질적 데이터라 할 수 있습니다. 이와 달리 나이와 출퇴근 소요 시간은 수치 데이터이면서 숫자의 크기에 따라 순서가 정해지는 비율형 데이터, 양적 데이터라고 할 수 있습니다)

2 빈도와 백분율의 개념

우리는 표나 그래프를 통하여 일변량 질적 자료(univariate qualitative data)를 분석하는 방법을 찾고 정공해 왔습니다. 주로 사용되는 표에는 빈도(frequency)라는 개념과 백분율(percent)이 라는 개념으로 구분하여 사용합니다.

그래프에는 빈도를 나타낼 때는 막대그래프(bar chart)로, 백분율을 나타낼 때는 원그래프(pie chart)를 추천드립니다.

(1) 내장 데이터를 활용한 개념 완성

빈도는 같은 현상이나 일이 반복되는 도수(度數) 혹은 어떤 사건이나 빈번이 일어나는 정도를 말합니다.

빈도자료의 사용 요령은 일정한 수치를 기준으로 계급 간으로 집단화하여 활용합니다. 그런 이유는

첫째, 점수의 범위를 기준으로 서로 묶어서 보여주면 파악이 쉽고 이해가 쉽기 때문입니다.

둘째, 간단한 계산을 위한 작업입니다.

셋째, 점수를 비슷하거나 일정한 약속으로 처리하면 우연하게 발생되는 데이터의 불규칙성을 제거할 수도 있으며, 유사한 데이터의 분포 특징을 참고할 수 있기 때문입니다.

넷째, 묶은 자료의 타당성을 고려하여 반영이 가능하기 때문입니다.

이에 비하여 백분율은 다음과 같이 정리 가능합니다.

비율을 나타내는 방식으로 백분비라고도 합니다. 전체의 수량을 100으로 하여 생각하는 수량이 그 중 몇이 되는가를 가리키는 수(퍼센트)로 나타냅니다.

기호는 %입니다. 이 기호는 이탈리아어 cento의 약자인 %에서 왔습니다. 100분의 1이 1%로 나타나며, 타탕성있는 이해하기 쉬운 숫자의 표현방식으로 수치 표기 계산의 방식 기준으로 널리 사용되고, 원형그래프 등에 이용하면 이해하기 쉽습니다.

정리하면, 전체 자료의 범위에서 해당부분이 점유하고 있는 영역의 표현방식으로, 전체 관측값을 100으로 기준하고 특정 자료가 얼마나 차지하고 있는지를 수치화한 기준입니다.

ggplot2 패키지에서 제공하는 자료를 바탕으로 설명하면 다음과 같이 적용 가능합니다.

- 대상 : diamonds에는 cut이라는 변수 사용
- 자료의 설명 : 다이아몬드의 품질을 조사한 자료

- 총 53940×10개 관측항목으로 구성됨
- 그중 cut 변수를 대상으로 자료를 정리해봄
- cut 변수값은 'Fair', 'Good', 'Very Good', 'Premium', 'Ideal'로 5개로 구성

```
#6.질적데이터의 분석
>library(ggplot2) #ggplot2 연동하기
>table(diamonds$cut) #빈도 구하기
>prop.table(table(diamonds$cut)) #백분율 구하기
```

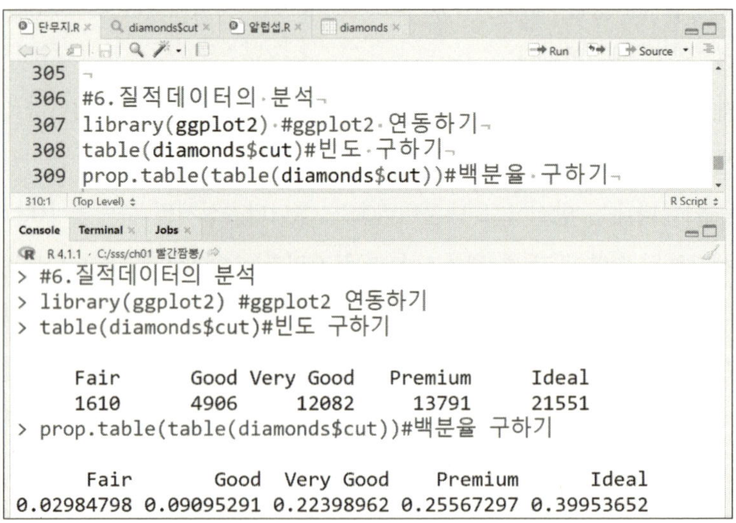

다이아몬드의 변수인 Fair의 수치데이터를 살펴보면 빈도 구하기의 결론으로 1610개이고, 이를 Fair의 백분율로 나타내면 3.0%에 해당되며, 'Ideal'의 변수 빈도는 21551개이며, 해당 백분율 수치는 40.0%를 차지합니다. Fair의 데이터의 비율이 가장 큰 것을 알 수 있습니다.

개인적으로는 내림차순을 사용하여 정렬 후 구하는 것을 권장해드립니다(뒷장에서 실습으로 다룰 예정입니다).

3 질적 자료와 그래프(막대+원)

좋은 그래프 어떻게 그리는 것이 방법인가요?

"통계적 정보전달은 말(words), 표(table), 그래픽스(graphics)라는 수단을 통하여 효과적으로 전달되는데 이 중 그래픽스는 통계적 정보에서의 관계나 경향을 간단한 시각 형태로 전달하는 데 필수적이다(Mahon(1977))."

아래는 통계청에서 운영하는 통계 전문 프로그램입니다.

① 네이버에서 통그라미를 검색합니다.

② 해당 홈페이지로 이동합니다.

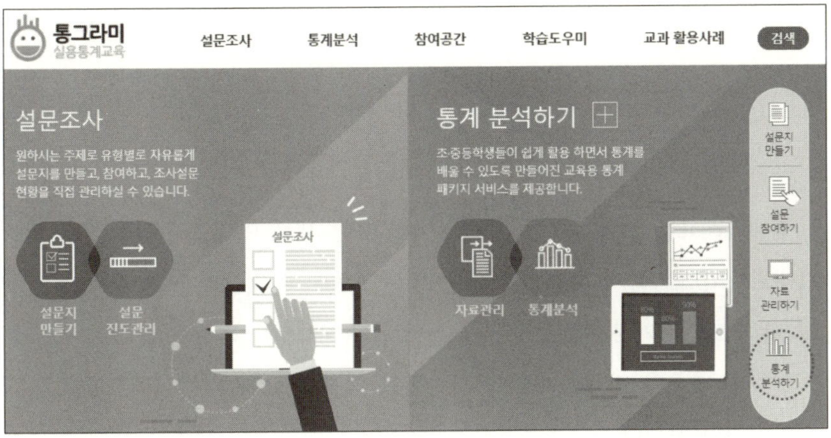

③ 해당 프로그램을 사용합니다.

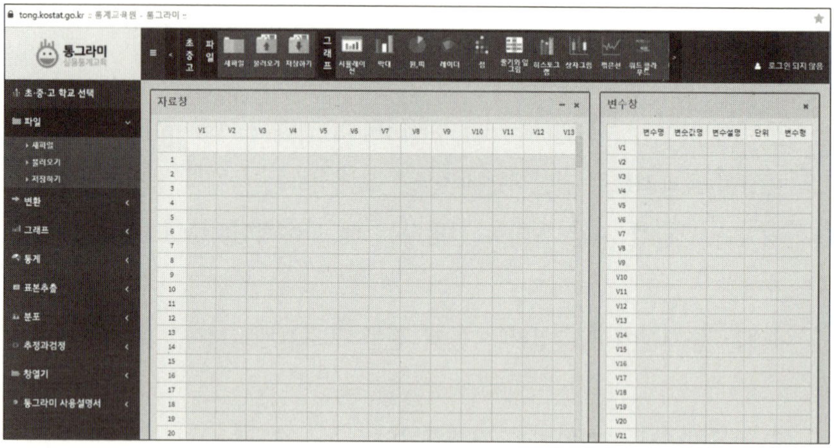

④ 좌측 하단 "통그라미 사용설명서"를 다운하여 사용해보기 권장해드립니다.

4 R을 이용한 일변량 질적 자료의 분석

(1) 질적 자료를 나타내는 막대그래프와 원그래프 나타내기의 해석요령

막대그래프는 크게 2분류로 나누어집니다. 세로 막대그래프와 가로 막대그래프가 있고, 다시 종류별로 일반 막대그래프, 누적그래프(가로+세로), 비교 막대그래프(가로+세로)로 구분됩니다(총 6세트).

빈도를 활용한 막대그래프의 시각화와 백분율을 활용하는 원그래프의 시각화를 사용합니다.

• y축 제목은 가장 기본수치 세로 막대그래프의 해당 범위나 단위를 표기

합니다.

- x축 제목이 생명인 가로 막대 그래프에는 막대의 크기(또는 길이)가 무엇을 의미하는지 단위를 꼭 적어넣어야 합니다.
- 막대그래프의 최소값은 0부터 시작합니다.
- 최대값이 포함되도록 y축 눈금을 설정합니다.
- 절단효과는 막대그래프의 무덤입니다. 전체 막대의 크기가 y 또는 x축 사이로 들어오도록 작성 바랍니다.
- 절단효과는 해석상의 에러를 발생하여 반드시 제거하고 해결해야 합니다(y축이나 x축의 범위를 조절합니다. ylim=c(0,100) 이런 식으로).
- 빈도는 반드시 정렬 후 그래프로 그립니다. 이때는 sort() 함수를 사용하는 것을 권장합니다.
- 변수의 질적 자료 항목이 5개의 이하를 나타내면 원그래프로 표현하기를 권장합니다.

〉View(diamons)

〉필터 클릭〉cut 변수의 박스를 클릭하면 몇 개의 범주형 데이터로 되었는지 출력됩니다.

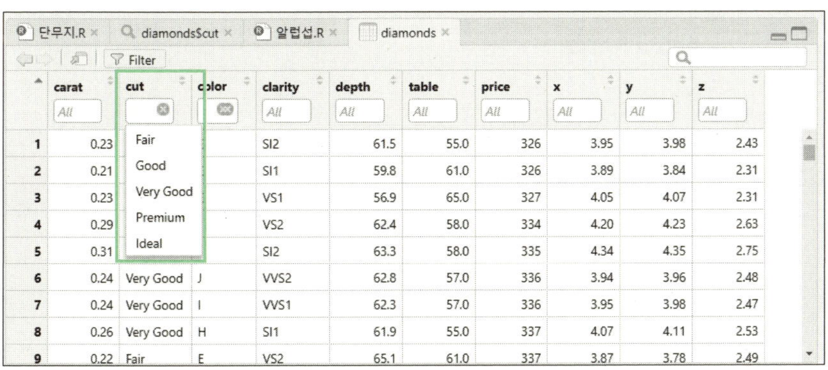

	carat	cut	color	clarity	depth	table	price	x	y	z
1	0.23			SI2	61.5	55.0	326	3.95	3.98	2.43
2	0.21			SI1	59.8	61.0	326	3.89	3.84	2.31
3	0.23			VS1	56.9	65.0	327	4.05	4.07	2.31
4	0.29			VS2	62.4	58.0	334	4.20	4.23	2.63
5	0.31			SI2	63.3	58.0	335	4.34	4.35	2.75
6	0.24	Very Good	J	VVS2	62.8	57.0	336	3.94	3.96	2.48
7	0.24	Very Good	I	VVS1	62.3	57.0	336	3.95	3.98	2.47
8	0.26	Very Good	H	SI1	61.9	55.0	337	4.07	4.11	2.53
9	0.22	Fair	E	VS2	65.1	61.0	337	3.87	3.78	2.49

때론 특별히 강조해야 하는 항목이 나타납니다. 이럴 경우에는 해당 부분을 분리해서 시각화합니다.

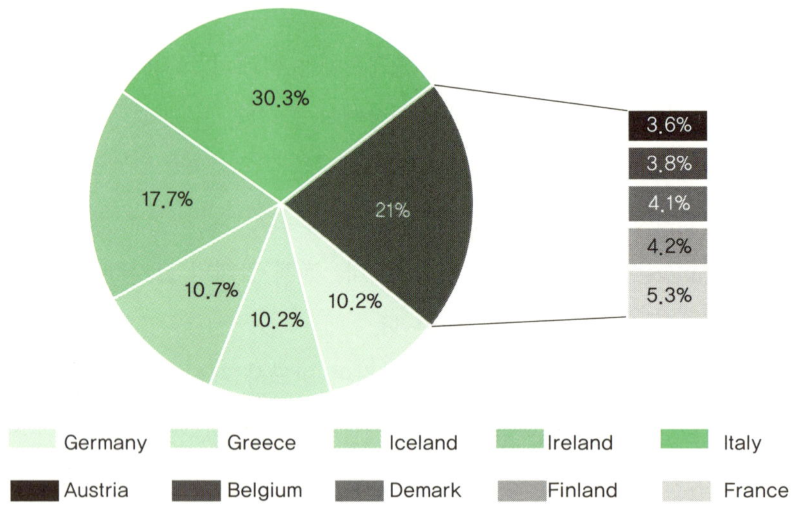

ggplot2 패키지에서 제공하는 diamonds의 자료 중에서 질적 자료를 추출하여, 빈도를 구하여 최종 막대그래프를 그리려고 합니다.

목적은 막대그래프 그리기입니다. 막대그래프…

diamonds 데이터를 구성하는 10개의 변수 중에 cut, color, clarity라는 질적 자료 3개를 대상으로 추출하였습니다.

1) 빈도 구해보기=table

빈도를 구하기 위해서 R에서 기본적으로 제공하는 table() 함수를 활용하였습니다.

table() 함수를 사용하여 빈도를 구해봅시다.

```
>table(diamonds$cut)
>table(diamonds$color)
>table(diamonds$clarity)
```

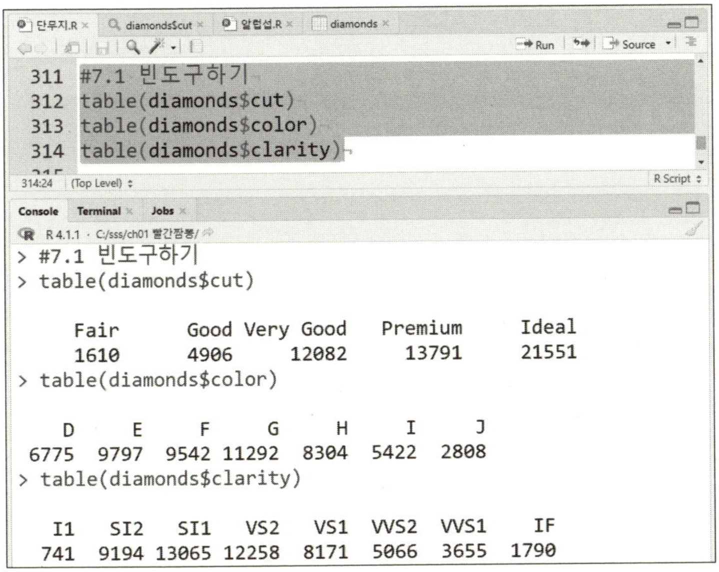

2) sort() 함수로 데이터 정렬하기

정렬의 방법을 통하여 자료를 핸들링하려고 합니다.

내람차순 명령어인 sort()를 활용하여 정렬해봅시다.

기본 옵션값으로 decreasing을 활용합니다.

정렬 기준으로 decreasing=TRUE는 내림차순, decreasing=FALSE는 오름차순을 적용합니다.

```
>sort(table(diamonds$cut), decreasing=TRUE) #괄호 사용 조심
>sort(table(diamonds$color), decreasing=TRUE) #컬러 내림차순
>sort(table(diamonds$clarity), decreasing=TRUE) #clarity 내림차순
```

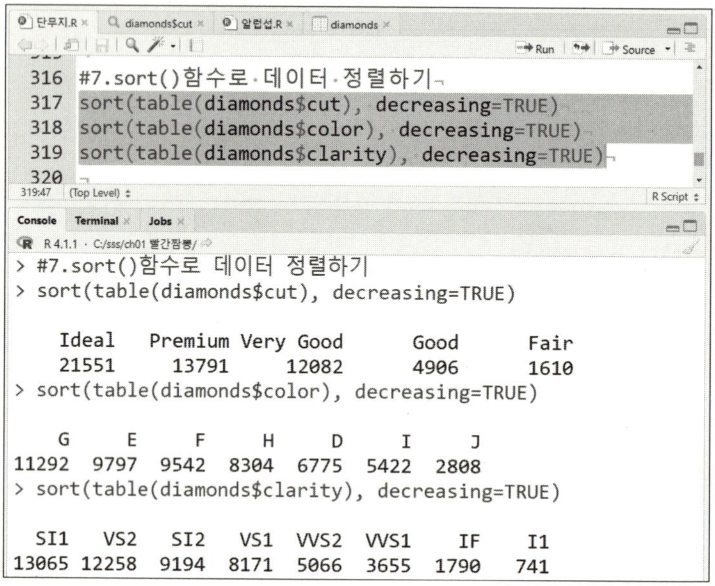

3) 백분율 구하기=prop.table()

tables of proportions로 표현되는 백분율 구하기는 prop.table() 함수를 활용하면 손쉽게 구할 수 있습니다.

우리가 빈도를 table로 정의했으면 prop.table() 함수는 빈도의 비율을 나타냅니다.

여기서 주의할 점 한 가지는 0~1 사이의 값을 사용하는 prop.table() 함수를 백분율로 사용하기 위해서는 prop.table() 함수의 결과에 *100을 곱해주어서 사용합니다.

그리고 *100의 위치가 전체 괄호의 밖에서 이루어져야 소수점의 자리가 정확히 표현됩니다.

cut, color, clarity의 빈도의 결과를 실행해봅시다.

*100의 위치를 잘 살펴보세요. ()가 자주 쓰이기 때문에 특히 주의 바랍니다.

```
>prop.table(table(diamonds$cut))*100 #cut백분율
```

```
>prop.table(table(diamonds$color))*100 #컬러 백분율
>prop.table(table(diamonds$clarity))*100 #clarity 백분율
```

아마도 구한 결과가 소수점이 많이 포함될 것으로 예상됩니다. 그래서 전체의 앞에 round() 함수를 써서 반올림한 수치와 비교하여 연속으로 출력해 볼게요. 비교하시고, 반올림의 옵션값까지 활용 바랍니다.

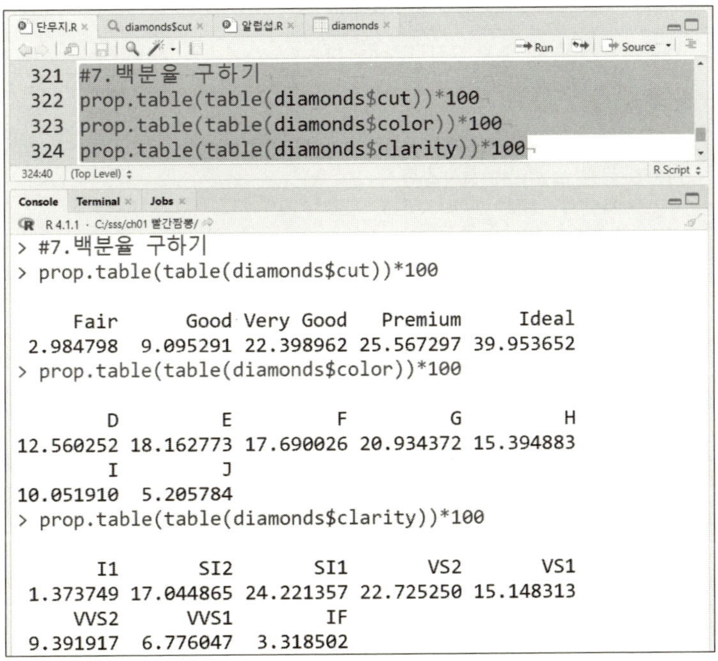

① 소수 1번째 반올림하여 출력하기

```
> #7.반올림하여 출력하기 round / digits
> round(prop.table(table(diamonds$cut))*100, digits=1)

     Fair      Good Very Good   Premium     Ideal 
      3.0       9.1      22.4      25.6      40.0 
```

② 소수 2번째 반올림하기

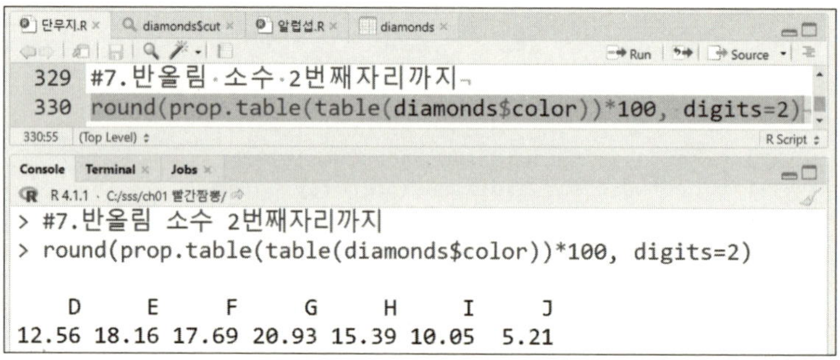

4) 막대그래프

barplot() 함수를 사용하는 막대그래프의 각각의 선택 옵션값에 대하여 정리해보고 그래프를 좋은 그래프의 조건에서 정리한 사항을 대입하여 그래프를 완성해봅시다.

아래 표는 그래프 기본 함수를 사용하는 옵션값으로 그래프의 작성시 매우 유용하게 사용되는 옵션입니다.

기본 함수로 시작되어 (괄호)안에 들어오는 자료의 형태를 유심히 주의 깊게 확인 부탁드립니다.

기본 그래픽 함수

함수	내용
plot(벡터)	1차원 산점도
plot(벡터1, 벡터2)	2차원 산점도
barplot(빈도값 벡터)	막대그래프(범주형 빈도 그래프)
hist(벡터)	히스토그램(연속형 빈도 그래프)
pie(빈도값 값벡터)	원그래프
boxplot(벡터)	상자그림
mosiacplot(행렬)	분할표 그림
stars(행렬)	스타차트
pairs(행렬)	쌍별 산포도
curve(함수, 좌단, 우단)	1차원 함수 그래프
persp(x축 자료, y축 자료, z축 자료)	2차원 함수 그래프

plot () 함수의 마커와 선의 색상(color)

옵션값	내용
col = 1 혹은 'black'	검정
col = 2 혹은 'red'	빨강
col = 3 혹은 'green'	초록
col = 4 혹은 'blue'	파랑
col = 5 혹은 'cyan'	사이언
col = 6 혹은 'magenta'	마젠타
col = 7 혹은 'yellow'	노랑
col = 8 혹은 'gray'	회색

plot () 함수의 제목과 레이블

옵션값	내용
main = '제목'	그래픽의 제목을 상단에 출력
sub = '부제목'	그래픽의 부제목을 제목 아래에 출력
xlab = '레이블'	x-축의 레이블을 출력
ylab = '레이블'	y-축의 레이블을 출력
ann = FALSE	축의 레이블을 표시하지 않음.(xlab='', ylab=''과 같은 효과)
tmag = 숫자	제목 등의 문자의 확대율을 지정한다.
cex = 1	마커의 크기를 지정한다.
lwd = 1	선의 두께를 지정한다.
bg = 'white'	배경색을 지정한다.
log = 'x', 'y', ''	순서대로, x-축, y-축, 양축에 로그를 취한다.
xlim = c(a, b)	x-축의 범위의 (a,b) 사이로 지정
ylim = c(a, b)	y-축의 범위의 (a,b) 사이로 지정
axes = FALSE	축의 생성을 억제한다.
las = 0	0: 축의 레이블을 축과 나란히 그린다.
	1: 축의 레이블을 모두 수평으로 그린다.
	2: 축의 레이블을 축에 대해 수직으로 그린다.
	3: 축의 레이블을 모두 수직으로 그린다.

색깔 선택은 숫자를 활용해서 0~8까지 기본 색상을 바탕으로 옵션을 줄 수도 있고, 내장되어 있는 색의 이름과 RGB 함수로 빛의 삼원색인 빨강, 녹색, 파랑으로 설정 가능합니다.

또한, 내장함수인 rainbow, topo.cocolors, heat.colors를 사용할 수 있습니다.

plot() 함수의 마커의 종류(point character)

인수 pch	마커	인수 pch	마커
pch = 0	□	pch = 13	⊗
pch = 1	○	pch = 14	⊠
pch = 2	△	pch = 15	■
pch = 3	+	pch = 16	●
pch = 4	×	pch = 17	▲
pch = 5	◇	pch = 18	◆
pch = 6	▽	pch = 19	●
pch = 7	⊠	pch = 20	•
pch = 8	*	pch = 21	○
pch = 9	plus diamond	pch = 22	□
pch = 10	⊕	pch = 23	◇
pch = 11		pch = 24	△
pch = 12	⊞	pch = 25	▽
pch = '문자'	주어진 문자를 마커로 사용.	pch 〉 25	대응하는 ASCII 문자

① 그래프 워밍업 1차원 산점도 그리기

다음 표는 10명의 체중(weight)과 신장(height) 자료를 나타내고 있습니다. 이 자료를 1차원 산점도로 표시해봅시다.

자료번호	1	2	3	4	5	6	7	8	9	10
체중(kg)	50	48	55	45	78	47	72	60	68	54
신장(cm)	170	168	178	162	186	157	183	166	174	160
성별	M	M	M	F	M	F	M	M	F	M
그룹	A	A	A	A	A	B	B	B	B	B

```
> weight=c(50,48,55,45,78,47,72,60,68,54)
> height=c(170,168,178,162,186,157,183,166,174,160)
```

〉 sex=c('M','M','M','F','M','F','M','F','M','F')

〉 group=c('A','A','A','A','A','B','B','B','B','B')

〉 plot(weight)

〉 plot(height)

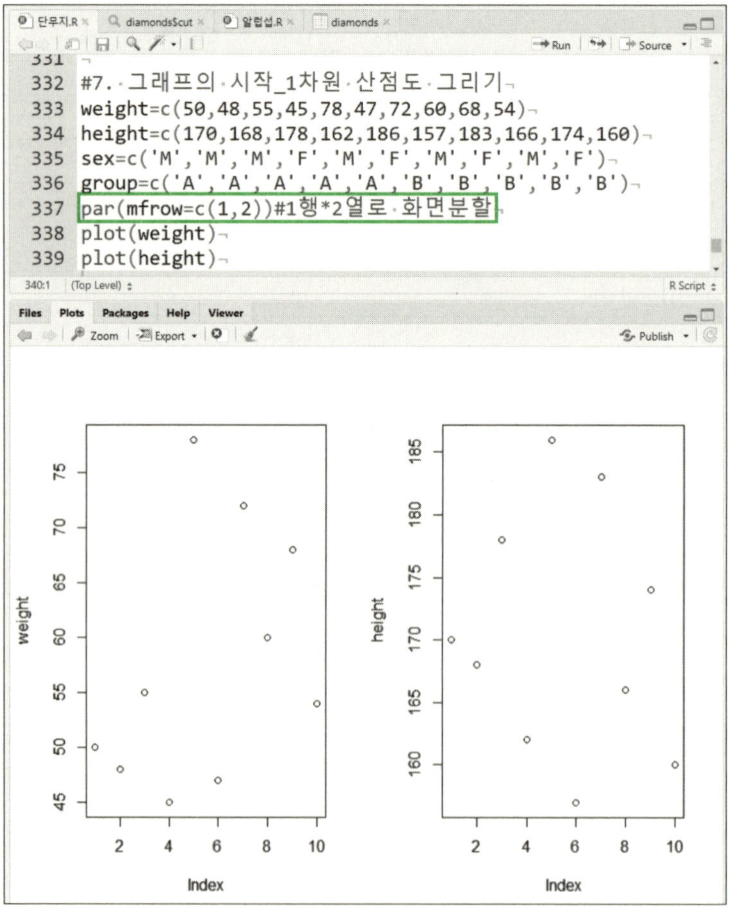

diamonds의 내장 데이터를 활용하여 막대그래프를 완성해봅시다.

barplot() 함수의 기본은 다음과 같습니다.

〉barplot(table(diamonds$cut)) #막대의 각각의 색상을 변경하여 지정

하여 추가해봅니다.

색상 변경의 몇 가지 방법을 소개합니다. plot () 함수의_마커와 선의 색상(color)표를 참조하여 살펴보면, 막대의 색상을 기본으로 설정된 'gray'인 회색으로 기본 세팅이 되어 있고, 연구자의 기호에 따라 파랑색인 'blue'로 지정합니다.

〉barplot(table(diamonds$cut), col="blue") # 파랑색 또는 4기호 삽입

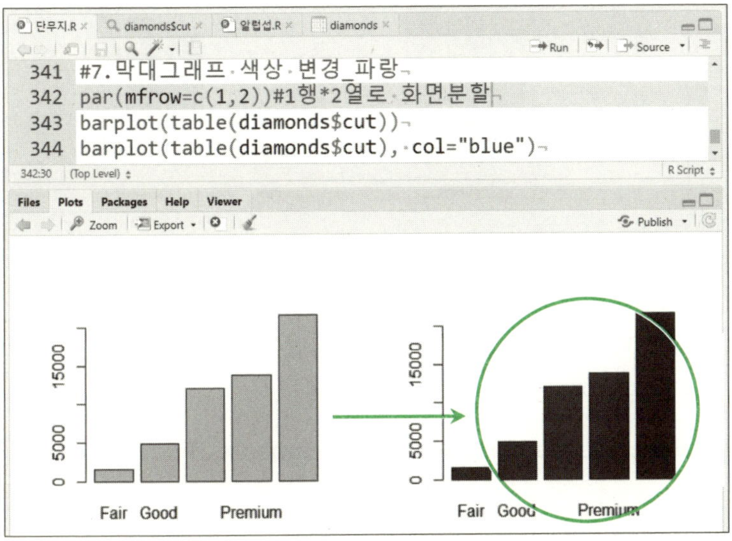

다양한 각각의 5개 막대의 색깔을 여러 색으로 지정합니다.

〉barplot(table(diamonds$cut), col=c(1:5))

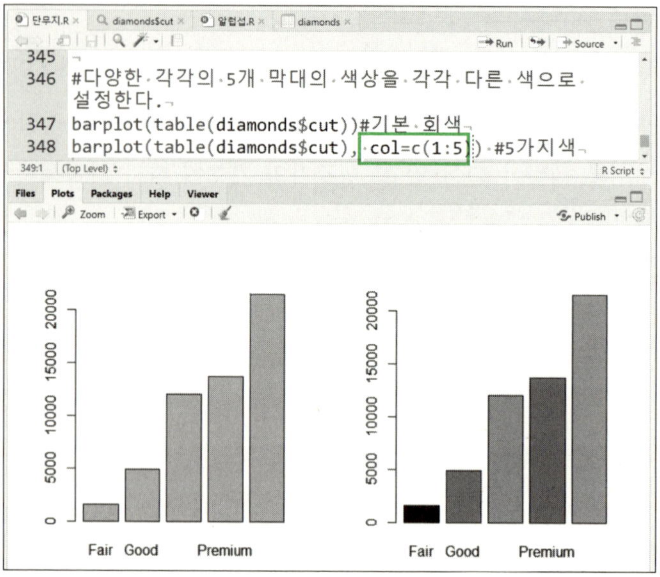

그럼 이번에는 내장함수로 알려주는 색을 써봅시다.

오늘 종로 하늘에 멋있게 무지개가 떠 있던데, 혁이 말대로 우유빛깔 위에 rainbow를 넣어서 그래프를 만들어봅시다.

〉barplot(table(diamonds$cut), col=rainbow(5)

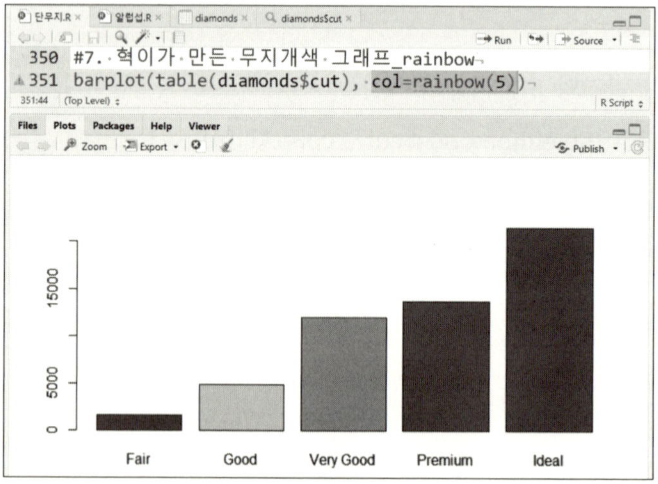

이번에는 훈이 말처럼 제목을 달아봅시다.

그래프에 추가로 제목을 올려서 사용하려면 'main'이라는 옵션값을 추가합니다.

main은 문자형 유형으로 사용되기 때문에 " "를 사용 바랍니다.

그리고 sub 옵션값을 추가하여 간단한 그래프의 설명을 달아주면, 처음 보는 사람도 이해가 쉽고 직관적으로 활용이 가능할 것으로 판단됩니다.

그럼 사용해보시죠.

② 훈이가 그리는 그래프 main과 sub 사용해서 제목과 보조 제목 달기

>barplot(table(diamonds$cut), col=rainbow(5), main="훈이가 사용하는 제목 달기", sub="훈이의 추천으로 보조 제목 사용해서 직관적으로 알려주기")

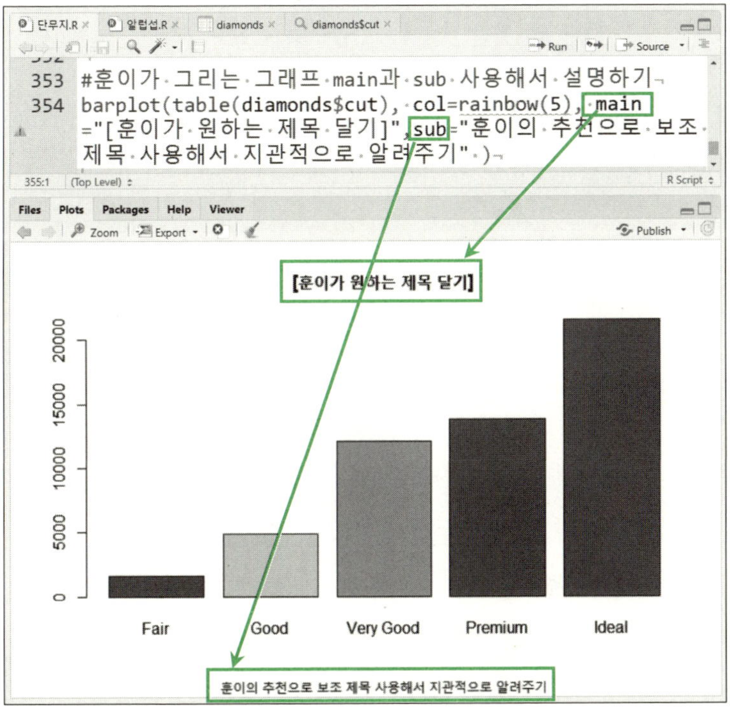

③ 혁이가 만드는 축제목 만들기

'ylab'의 옵션 y값으로 축제목을 달 수 있습니다.

y축은 그래프의 크기를 나타내는 영역으로 문자형 데이터를 써서 보통 해당 단위를 넣어줍니다. 키의 cm인지, 몸무게의 kg인지, 인원의 명수인지 다양하게 사용이 가능한 부분입니다.

막대그래프에는 y축제목은 필수입니다.

y축의 눈금이 말하는 것, 의미하는 바를 아는 것이 무척 중요합니다.

ylab은 풀네임으로 a label for the y axis로 표기하며, 약자로 생각하면 됩니다.

>barplot(table(diamonds$cut),col=rainbow(5), main="D_LAB 데이터연구원 심혁",sub="Y축의 이름을 달아주세요", ylab="빈도")

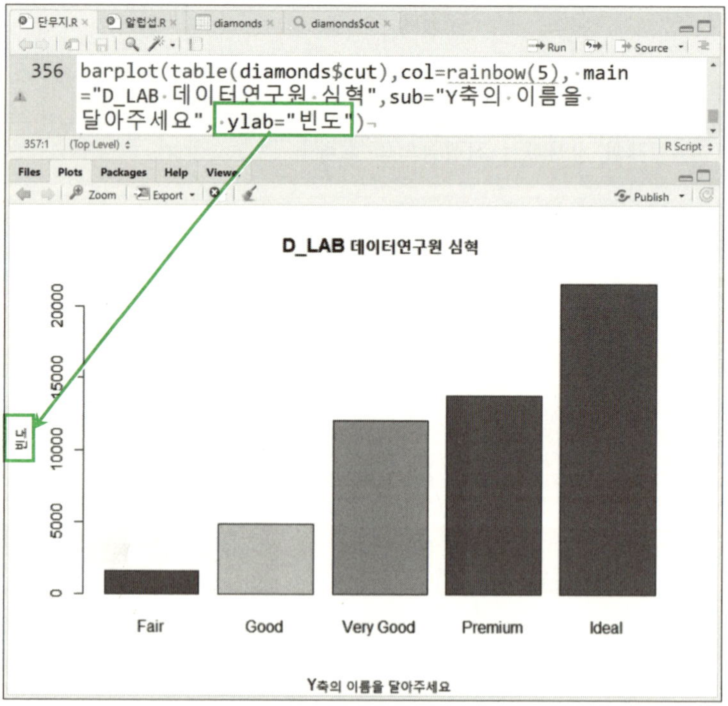

④ ylim(limits for the y axis)을 활용한 그래프 정확하게 그리기

그래프에 y축 눈금을 조정하거나 추가하려면 'ylim'이라는 옵션을 활용하며, y축 눈금이 나타내는 것을 y축의 최소 수치와 최대 수치를 이용하여 수정합니다. 최소값과 최대값이라는 두 개의 수치형을 지정하기 때문에 c() 함수를 사용하면 됩니다.

〉barplot(table(diamonds$cut),col=rainbow(5), main="D_LAB 데이터연구원 심혁",sub="Y축의 이름을 달아주세요", ylab="빈도", ylim=c(0, 25000))

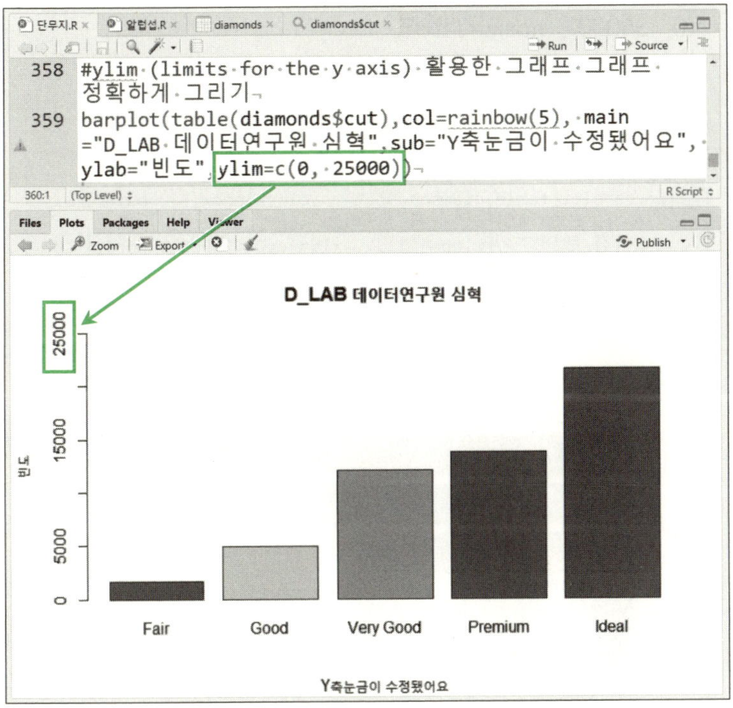

⑤ horiz=TRUE을 활용한 "가로 막대 그래프"로 전환하기

일반적인 데이터의 시각화 표현 중 막대그래프의 표현은 세로 막대그래프가 기본입니다. 그러나, 그래프의 가독성과 디자인적인 요소를 가미한 전체 그래프 모양을 가로 막대그래프로 변경할 때가 있습니다.

'horiz'라는 추가 옵션에 TRUE로 변경하면, 전체 그래프의 변경된 축을 기억하여 ylab, ylim은 xlab, xlim으로 변경을 순차적으로 하면 세로 막대 그래프가 가로 막대그래프로 전환됩니다.

〉barplot(table(diamonds$cut), col=rainbow(5), main="D_LAB 데이터연구원 심혁", sub="그래프가 가로로 변경 됐어요", xlab="빈도", xlim=c(0, 25000), horiz=TRUE)

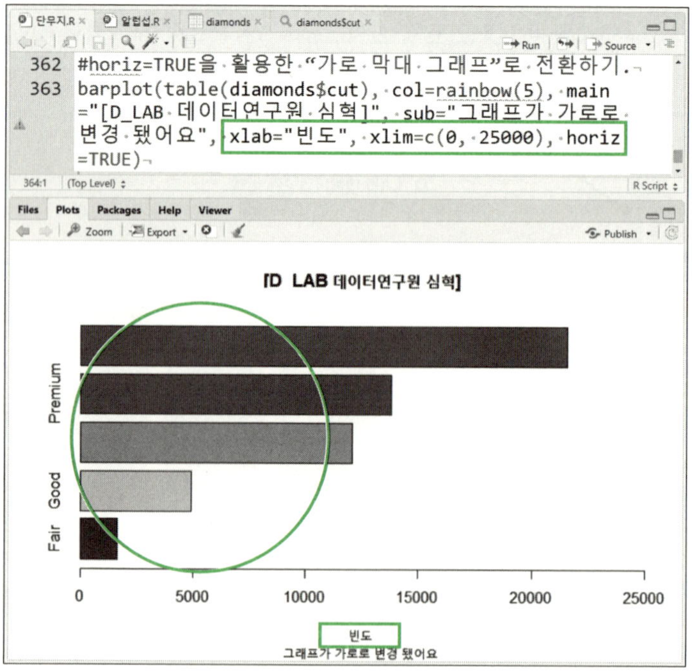

⑥ plotly 패키지의 plot_ly() 함수를 이용하여 막대그래프를 작성

Plotly with R: Plotly R Open Source Graphing Library

```
>install.packages("plotly")
>library(plotly)
```

〈참조 사이트〉 https://plotly-r.com/preface.html

plotly() 함수를 사용한 반응형 시각화입니다.

효과적인 시각화 도구의 R의 선두 주자입니다. 기본 함수인 plot부터 가장 많이 사용되고 있는 ggplot, 그리고 반응형 시각화 도구로는 plotly, highchart, d3.js 등등 존재합니다.

plotly의 공식 사이트(https://plotly.com/)를 가보면 R뿐만 아니라 Python도 지원합니다.

※ plotly 기본 문법(Scatter Chart)

plotly의 기본 문법을 사용하여 그래프를 완성하려 합니다.

활용 내장 데이터는 iris입니다.

iris의 Sepal.Length와 Petal.Length의 데이터를 가지고 Species별로 색을 다르게 표현하기가 목적입니다.

코딩시 주의할 점은 ggplot의 +로 각각의 option을 추가해주었던 것이 % > %로 표현을 해준다는 점입니다.

그럼 산점도로 그 활용법을 알아봅시다.

plot_ly() 함수를 사용합니다.

그리고 add_trace() 함수를 통해 그 안에 각각의 x,y와 color를 추가합니다.

layout()을 추가해주고 추가 옵션을 사용합니다.

title은 제목

xaxis는 x축 이름

yaxis는 y축 이름

```
>install.packages("tidyverse")
>install.packages("plotly")
>library(tidyverse)
>library(plotly)
>install.packages("magrittr") #%>%관련 패키지 설치
>library(magrittr)
iris %>%
  plot_ly() %>%
  add_trace(x = ~Sepal.Length, y = ~Petal.Length, color =
  ~Species) %>%
  layout(
    title = "Scatter Chart",
    xaxis = list(title = "x축 이름"),
    yaxis = list(title = "y축 이름")
  )
```

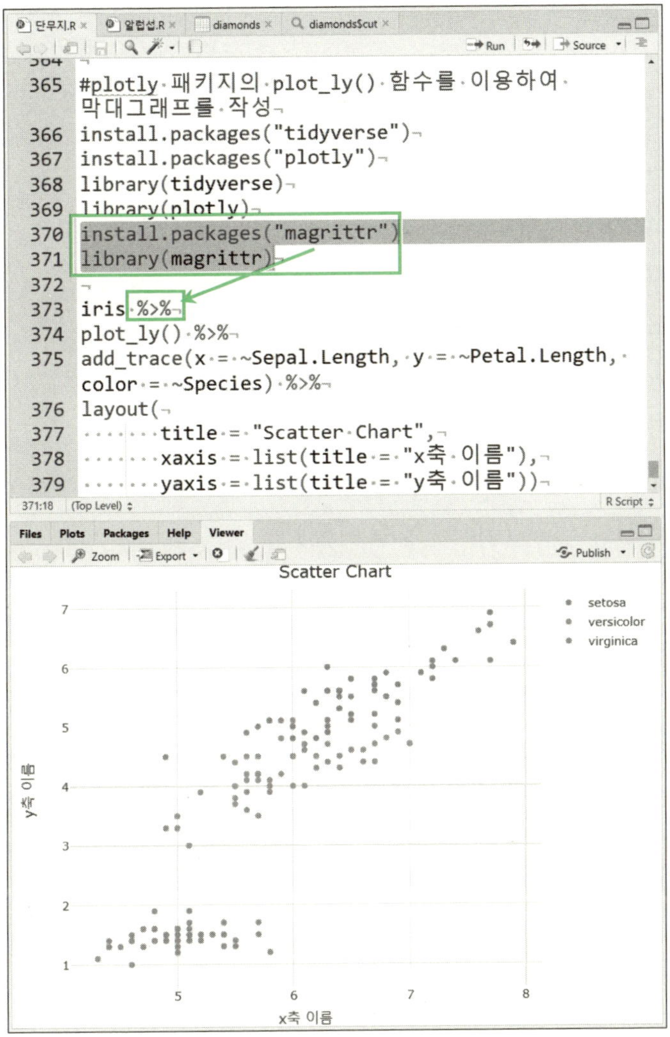

(2) barplot() 함수 + plot_ly() 함수 기본 문법

우선 plot_ly()를 사용합니다. 그리고 add_trace() 함수를 통해 그 안에 각각의 x,y를 추가합니다.

추가로 mode 옵션을 주어 "bar"를 추가합니다. layout()을 추가해주고 추가 옵션들을 사용합니다.

title은 제목

xaxis는 x축 이름

yaxis는 y축 이름

```
>library(magrittr)
>sleep %>%
  plot_ly() %>%
  add_trace(x = ~ID, y = ~extra,  type = "bar") %>%
  layout(
    title = "Bar Chart",
    xaxis = list(title = "x축 이름"),
    yaxis = list(title = "y축 이름") )
```

plotly() 함수를 간단하게 정리하면 반응형, 오픈소스 그리고 브라우저 기반 시각화 라이브러리입니다. 30개 종류의 차트를 가지고 있고, 3D 그래프도 지원합니다.

그래서 Chart.js 만큼 이쁘게 시각화 그래프를 그려주곤 합니다.

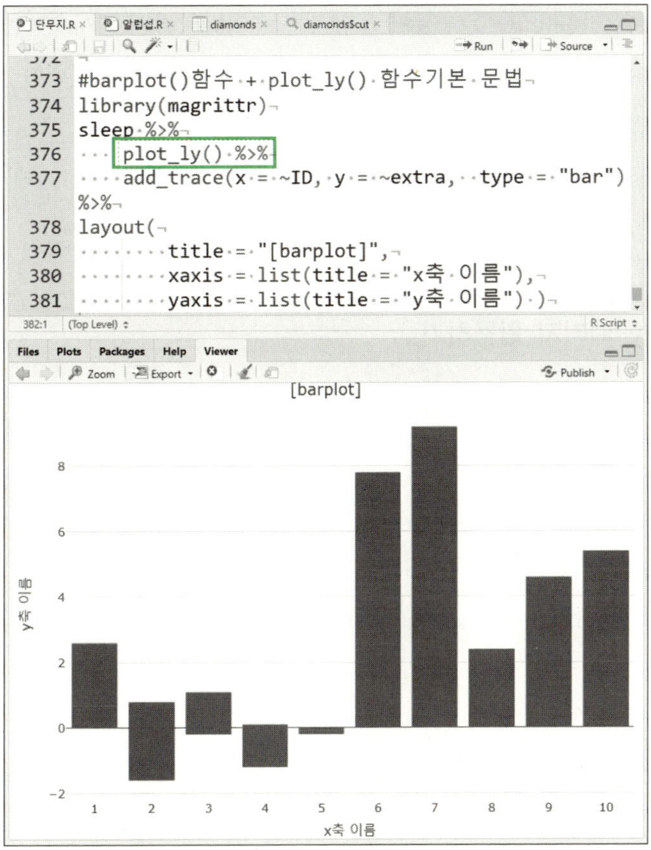

(3) plotly 패키지 + diamonds의 cut 변수 그래프로 시각화하기

옵션값	내용
type	해당 그래프의 유형을 나타내며, 여기서는 “bar”를 지정합니다.
x	x축 나타낼 질적 자료의 항목을 지정합니다.
y	y축 나타낼 질적 자료의 빈도나 백분율을 지정합니다.
data	데이터 프레임으로 형태를 지정하고, 분석할 데이터를 지정합니다.

plotly 패키지를 활용하여 내장 데이터 diamonds의 cut 변수를 가지고 세로 막대그래프를 작성하려고 합니다.

names(table(cut))은 cut이 포함하는 데이터의 5개 항목의 이름을 실행한 것이며, table(cut)은 cut이 보유한 5개 항목의 빈도를 실행한 것으로 표현하여 많이 사용합니다.

"https://plot.ly/r/"의 홈페이지를 방문하면 자세한 plotly 패키지의 내용을 알 수 있습니다.

1) plotly 패키지 활용하기

plot_ly() 함수를 이용하여 세로 막대그래프를 활용한 diamonds$cut 변수의 시각화가 가능합니다.

※ levels(cut)은 cut이 가지는 5가지의 항목의 이름이 구한 것, table(cut)은 cut이 가지는 5가지 항목의 빈도를 구한 것.

>plot_ly(data=diamonds, x= ~ levels(cut), y= ~ table(cut), type="bar")

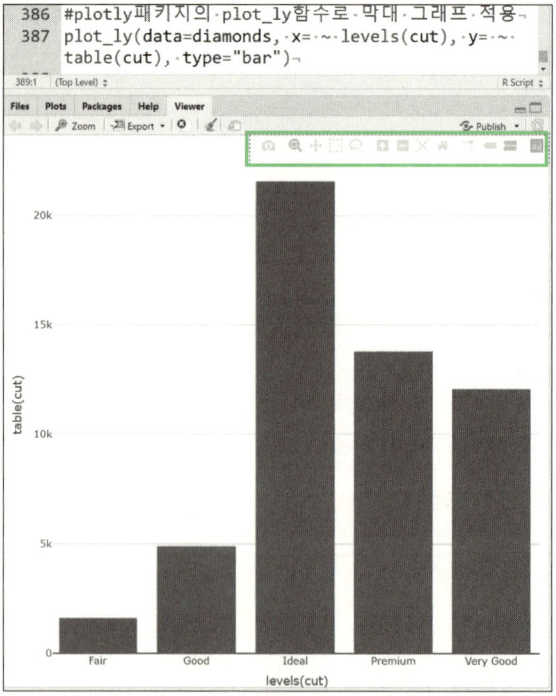

2) ggplot2 패키지 활용하기

ggplot2 패키지에 있는 ggplot() 함수를 사용하여 그래프를 좀 더 다양하게 표현할 수 있습니다. 특히, geom_bar() 질적 자료(범주형 데이터)의 경우 막대그래프+원그래프의 그래프 임팩트에 효과가 좋습니다.

ggplot2 패키지는 한 번 설치하셨기 때문에 다시 설치할 필요는 없습니다. 하지만 재사용시 "library(ggplot2)"라는 명령어를 해주시고 쓰셔야만 합니다. 컴퓨터가 재부팅되거나 R 프로그램 종료 후에 재사용시는 재승인을 받는 것처럼 컴퓨터의 c드라이브의 R의 R_4.1.1의 library 폴더에 보관되어서 다시 불러와서 재사용해야 합니다.

diamonds 데이터도 마찬가지입니다. ggplot2에 내장되어 있는 데이터이기 때문에 자연스럽게 library(ggplot2)을 실행하시면 재사용 가능합니다.

옵션값	내용
data	데이터 프레임(data.frame)의 분석할 데이터를 지정합니다.
mapping	축지정 : aes() 활용, x축과 y축에 삽입할 질적 자료를 지정합니다.

diamonds의 포함된 cut 변수의 질적 자료 세로 막대그래프를 표현하는데 x축에는 cut 변수의 범주형 데이터를 매칭하여, geom_bar() 함수의 격자무늬 표시를 그래프에 동시에 삽입하여 ggplot의 그래프로 시각화하란 의미입니다. 지정된 데이터를 가지고 막대그래프를 작성한다는 뜻이 내포되었습니다.

```
>ggplot(data=diamonds, mapping=aes(x=cut)) + geom_bar()
```

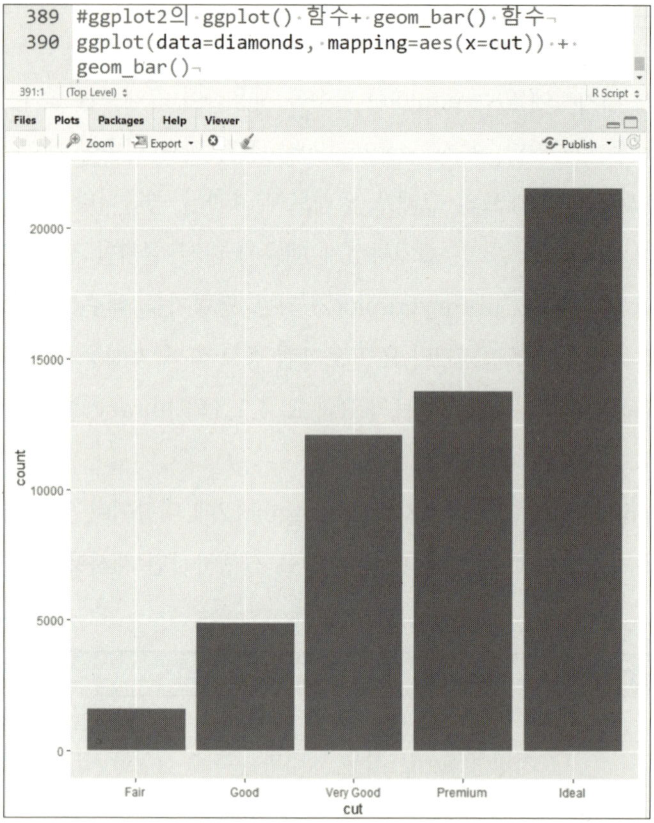

3) 원그래프 백분율 활용의 pie 함수 사용하기

① 원그래프는 pie() 함수를 사용하며, 빈도 위주의 막대그래프가 한 쌍으로 결합된다면 범주형 데이터의 백분율을 원그래프가 데이터를 시각화합니다. 특히, 원그래프는 범주형 질적 자료가 포함된 변수/항목(값)이 5개 이하인 경우에 적당하게 사용되고 있습니다. 이는 아래의 그림처럼 구분합니다.

〉View(diamonds)

#diamons 선택-#필터선택-#cut 상자 선택 =범주형 데이터 항목 확인

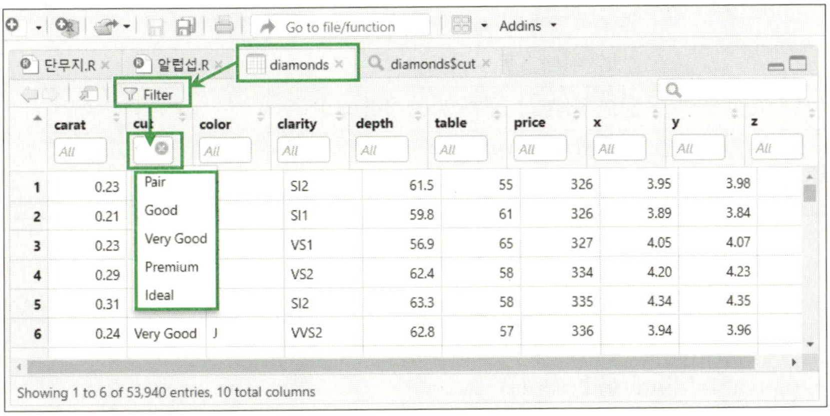

② cut 항목의 5가지 구성을 확인할 수 있습니다. 따라서 cut 부분을 원 그래프로 나타내면 좋습니다. 전체에 해당 범주형 데이터가 얼마나 점유하고 있는지의 표현에 유용합니다. 빈도의 의미보다는 백분율의 개념으로 차지하고 있는 비율 정도로 이해하면 됩니다.

③ 마지막으로, 각각의 조각 중 특별히 강조하고자 하는 변수 항목이 다를 것입니다. 이런 경우에는 과감히 조각을 각각 나누어서 표현할 것을 권장합니다.

pie() 함수 사용시 주의할 점

옵션값	내용
x	범주형 데이터의 빈도를 의미하며 table()로 구한 결과/백분율 지정합니다.
radius	원의 반지름(반경)을 설정하며 원그래프에서 x,y축 모두 -1부터 1 사이의 정사각형에 수치를 기준으로 절대값을 통한 1에 다가설수록 표현되는 원의 반지름이 최대치가 표현됩니다.
init.angle	원의 해당 값은 오른쪽에서 왼쪽으로 시계 반대 방향으로 각 해당 데이터가 채워집니다. 기본 왼쪽으로 회전하며, 음의 값을 가지면 오른쪽으로 회전하게 됩니다.

labels	원그래프에서 각 슬라이스에 사용할 이름, x에 이름이 없으면 인덱스를 사용합니다.
col	원의 안쪽의 색깔을 설정합니다.
density,angle	슬라이스의 내부를 빗금으로 채울 때의 인치당 빗금의 개수와 각도 설정값으로 사용됩니다.

범주형 데이터 중 명목형 데이터에 적합합니다.

④ diamonds의 cut 변수의 빈도를 구하고 원그래프로 나타내봅시다.

```
>pie(table(diamonds$cut))
```

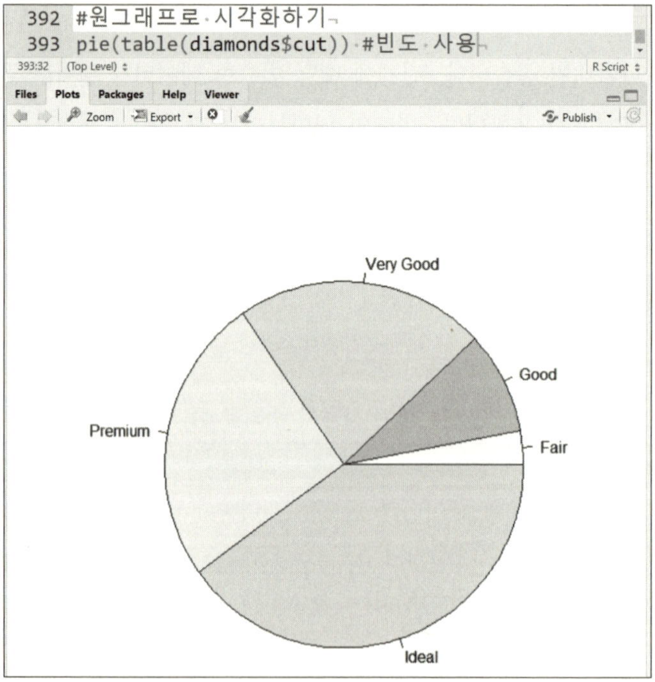

⑤ 옵션에 따른 그림의 형태를 다음에 주어지는 빈도(편의상 백분율 대신)를 사용하여 4개의 서로 다른 형태의 원그래프를 그려봅시다.

첫째는 기본 그래프 그리기, 두 번째는 radius를 1로 원을 키워 그리기, 세 번째는 그래프의 시작 위치가 180도인 경우, 마지막 네 번째는 내부 및 테두리의 색을 다르게 설정하여 옵션값의 활용을 나타내는 실습을 하겠습니다.

• 옵션값을 활용한 원그래프 그리기

• kk변수의 빈도 설정하기

```
>kk=c(10,20,30,40)
```

• 변수 이름 부여하기

```
>name.kk=c("제니1","지수2","로제3","리사4")
```

• 그래프의 영역 분할 하기

```
>layout(matrix(c(1,2,3,4),2,2,byrow=TRUE))
```

• 이름 사용하기

```
>pie(kk, main="R하기 좋은날")
>pie(kk, labels=name.kk, radius=1, main="radius=1")
```

• 시계방향으로 180에서 시작하기

```
>pie(kk, clockwise=T, init.angle=180)
```

• 색깔과 테두리선 설정하기

```
>pie(kk, col=1:4, border=6)
```

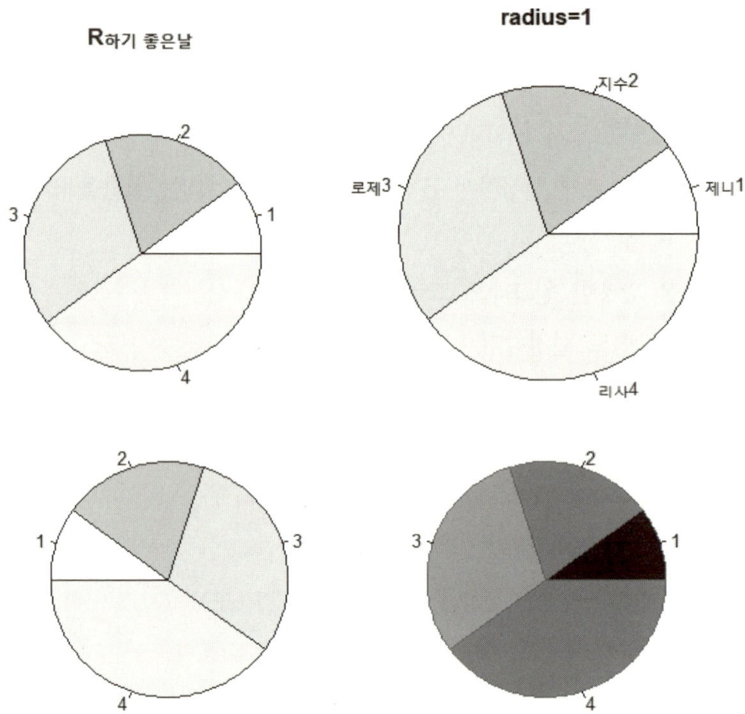

⑥ 막대그래프에서 사용했던 plotly와 ggplot2 패키지를 기억하시나요? 그럼, pie() 함수에 적용하면, 어떻게 그려지는지 원그래프의 옵션에 적용하여 이용해봅시다. 우선, plotly 패키지를 활용해봅시다.

plot_ly() 함수를 사용하여 원그래프를 작성하는 방법으로 library(plotly)를 실행부터 합시다.

고려해야 할 옵션값이 4가지 정도 됩니다.

- data : 데이터 프레임(data.frame) 형태의 분석 해당 데이터를 지정합니다.
- values : 빈도나 백분율로 자정된 원조각에 표현될 질적 자료의 항목.
- levels : 원조각에 표현될 질적 자료의 항목 이름.
- type : 내가 그리고자 하는 그래프의 선택 유형으로 저는 "pie"를 지정

했습니다.

4) plotly 패키지를 활용한 원그래프 그리기

〉library(plotly)

〉plot_ly(data=diamonds, values=~table(cut), levels=~levels(cut), type = "pie")

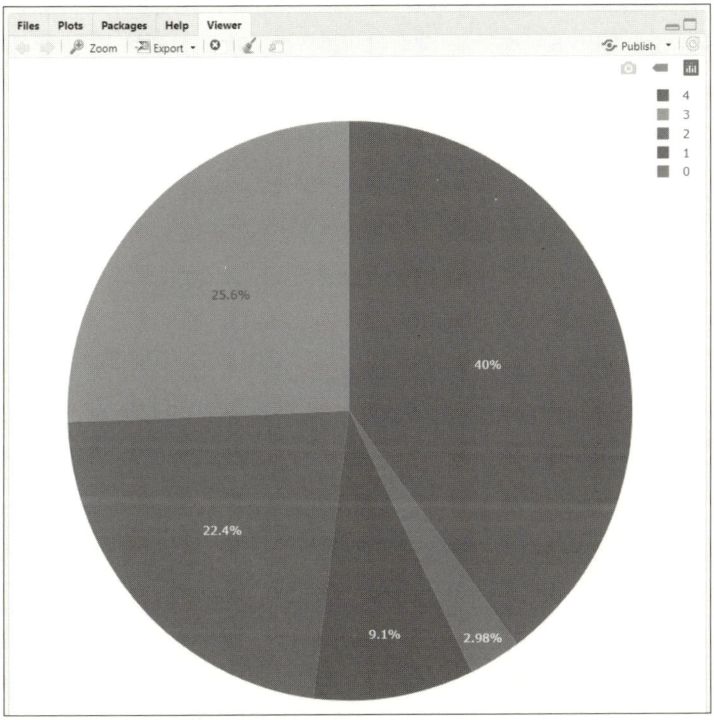

이 장에서 배운 범주형 데이터 그래프를 정리해봅시다.

① 각도 혹은 면적을 활용하는 원형 그래프는 해당 항목이 점유하고 있는 점유율을 시각적으로 표현하고 있기 때문에 해당 정보의 특징을 나타내는 것이 완벽하지 않습니다. 때문에 가로나 직선을 포함한 외곽 주위

에 해당수치를 표현하여 pie 그래프로 표현하기도 합니다, 원형 그래프는 흔히 비율에만 적합할 뿐 다른 자료에는 사용하지 않는 것이 원칙이지만 학습 목적상 빈도를 사용하였습니다.

② 자료를 정보의 객관성과 전달 우수성 측면이라면 객관성을 둔 막대 차트는 공동 정보 척도를 활용해 분석 요인 항목 간 비교를 하기 때문에 활용성이 뛰어납니다.

③ 자료의 특성이 고려된 그래프가 가장 좋은 방법으므로 자료 목적에 맞는 그래프를 선택 바랍니다.

④ Schmid(1992)는 정보 전달력이 뛰어난 그래프 그리는 방법에 대하여 열거했어요. 참조 바랍니다.

- 정확성(accuracy)
- 단순성(simplicity)
- 명료성(clarity)
- 꾸밈새(appearance)
- 잘 디자인된 구조(well-designed structure), 이에 따르는 세부 항목 정보 전달력이 뛰어난 그래프 표현방법은 아래와 같아요.
  자료를 나타내어라.
  그래프를 정확, 단순, 명료하게 그려라.
  독자들의 흥미를 끌게 하라.

또한, 그래프를 평가하는 수치적 측도들로서 고려해야 하는 것이

- 자료밀도지수(data density index, 자료의 개수)를 고려한 그래프
- 모양모수를 표현한 그래프
- 인식왜곡지수(PDI)를 고려한 그래프
- 자료 잉크비(data ink ratio)를 고려한 그래프가 있습니다.

5) 그래프 저장하기

① 간단하게 저장하기

- Export–save as image–파일이름 적기–save

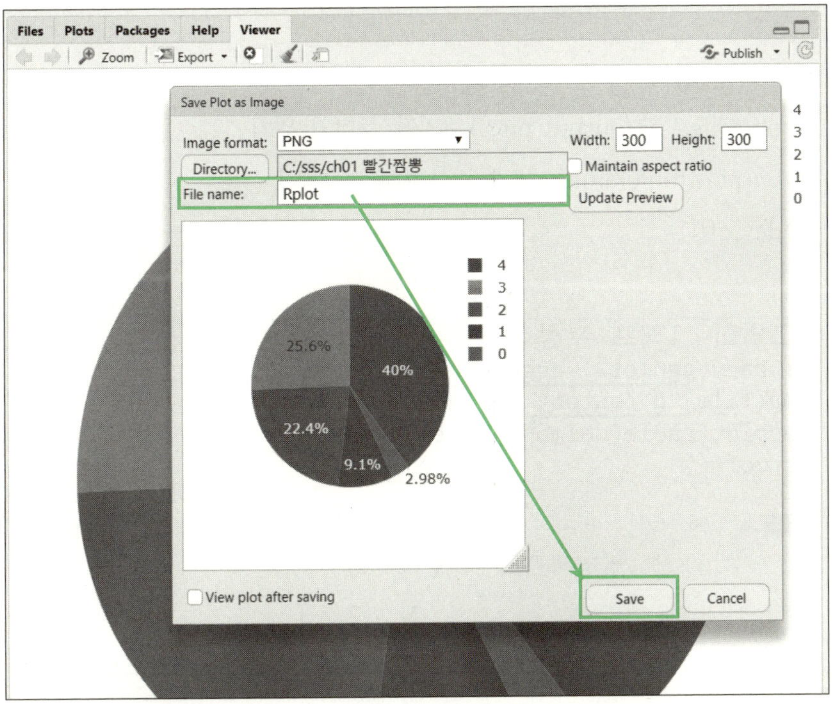

• 파일 이름 : 파일 이름 지정하기
• Directory : 저장할 파일의 위치/경로 지정하기, 보통은 워킹 디렉터리의 동일한 프로젝트 폴더 안으로 지정하는 것이 일반적입니다.
• width/height : 출력화면의 크기를 지정할 수 있습니다.
• save : 그래프의 저장/완료

② 그 밖의 방법으로 저장하는 법

여러 방법으로 분석된 정보는 다양한 과정에서 다채로운 그래프들을 다양한 형태(png, jpeg, bmp, pdf, postscript 등)의 파일로 저장할 수 있습니다.

png(), jpeg(), bmp(), pdf(), postscript() 함수를 활용 가능하며, 실습해보죠.

③ png 방식

〉png(file="d:/output.png") #저장 폴더의 위치

〉barplot(table(daimonds$cut)) #해당 그래프

〉dev.off()

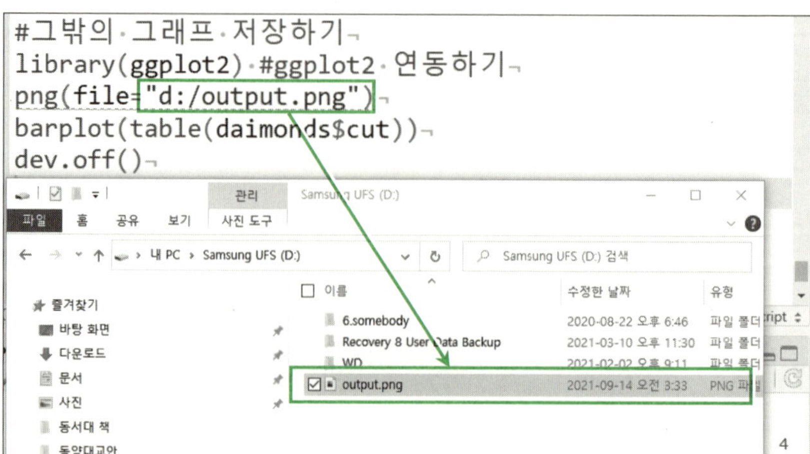

④ jpeg 방식

```
jpeg(file="d:/output.jpg")
barplot(table(daimonds$cut))
dev.off()
```

⑤ bmp 방식

```
bmp(file="d:/output.bmp")
barplot(table(daimonds$cut))
dev.off()
```

⑥ pdf 방식

```
pdf(file="d:/output.pdf")
barplot(table(daimonds$cut))
dev.off()
```

PART 7

양적(수치형) 데이터의 분석 – 통계의 시작

1. 양적자료의 표=기술통계량 기준
2. 양적 수치형 데이터 그래프

학습 목표

- 양적(수치형) 데이터의 분석과 그래프 활용을 알아봅니다.
  - 히스토그램의 활용에 따른 구간의 개념을 이해할 수 있습니다.
  - hist, 줄기와 잎 그림, boxplot 그림을 이해할 수 있습니다.
  - R을 활용하여 다양한 그래프(양적 데이터 그래프와 기술통계량)를 해석할 수 있습니다.

학습 가이드 및 주요 함수

- 기술통계량(요약통계량)을 통한 수치형 데이터의 해석과 활용을 알아봅시다.
  - 그래프의 중심을 나타내는 수치를 활용한 내용
  - 사분위수와 백분위수
  - 최소값, 최대값, 범위
  - boxplot의 활용법

〈주요 함수〉

구간, 히스토그램, 줄기와 잎 그림, 상자그림, 평균, 절사평균, 중위수, 최빈수, 범위, 사분위범위, 분산, 표준편차, 중위수 절대 편차, 왜도, 첨도, 이상치

1 양적 자료의 표 = 기술통계량 기준

양적 자료를 분석할 때도 앞서 설명한 질적 자료의 분석에서 소개했던 표를 작성합니다.

통계에서의 표에는 빈도와 백분율의 데이터가 나열되어 표현됩니다. 하지만 수치형 양적 자료는 질적 자료와 구별되게 각각의 값에 대한 빈도와 백분율을 사용하지 않고 특정 구간값이 주어지는 구간별 데이터를 기본으로 사용합니다. 때문에, 양적 자료는 그래프의 가로가 크기를 나타내고 이 크기는 정규분포로 해석하여 편하게 적용합니다.

쉽게 설명하면, 범주형 질적 자료는 그래프의 세로가 크기를 나타내며, 수치형 양적 자료는 그래프의 가로가 크기를 나타냅니다. 양적 자료는 데이터가 가지는 값의 종류가 많기 때문입니다.

수치로 이루어진 표를 활용하여 일변량 양적 자료의 특징을 조사합니다. 제일 첫 구간은 수치 자료의 최소값이 적용되도록 합니다. 데이터의 마지막 구간에는 최대값이 적용되도록 구간을 구성하면 됩니다.

위 내용을 참조하여 조정된 구간을 활용하면 각 변량에 있는 수치 자료의 빈도와 백분율이 계산된 표를 만들 수 있습니다.

이렇게 구해진 값은 일변량 양적 자료의 데이터의 특징을 알아보기 위해서 그래프로 표현한 것이 대표적으로 히스토그램(histogram), 통계적 줄기와 잎 그림(stem and leaf plot), 정규분포를 상자그림(boxplot)으로 표현합니다.

다시 상자그림은 정규분포로 나타내기 쉬우므로, 아래와 같이 기억 바랍니다.

"일변량 양적 자료 = 수치형(정수/소수)자료 = 구간값 = 히스토그램/상자그림 = 정규분포로 표현/해석"

2 양적 수치형 데이터 그래프

일변량 양적 수치형 데이터의 속성을 알아보기 위해서 구성하는 그래프 표현에는 구간값의 특성을 보고 알 수 있는 대표주자인 히스토그램(histogram), 상자그림(boxplot), 정규분포로 그 특성을 파악할 수 있습니다.

(1) 히스토그램의 개요

측정 데이터의 선택변수 값이 나타내는 범위를 각각의 구간(계급)으로 정리한 경우, 각 구간에 속하는 측정변수 데이터 값의 출현 계수에 비례하는 그래프 면적을 갖는 직선 막대기둥(직사각형)으로 나타낸 그림을 말합니다.

조금 어렵나요? 히스토그램에 있어서 구간의 폭을 활용하여 곡선으로 나타내는 작업을 할 수 있습니다. 각 구간의 도수의 중심에 점을 찍어서 가장 작은 시작점부터 구간의 마지막 점을 곡선으로 연결하는 이것을 분포곡선이라 합니다.

히스토그램을 활용하면 아래의 특징을 고려하여 파악할 수 있습니다.

- 각 구간의 현황이 어떻게 이루어지는가?
- 빈도가 가장 많은 구간은 어디니?
- 빈도가 가장 작은 구간은 어디서 나타났니?
- 최소값을 포함하는 구간은 어디쯤인가?
- 최대값을 포함하는 구간은 어디쯤인가?
- 무게 중심은 어느 곳에서 파악되는가?
- 대칭 여부는 어떻게 이루어지는가?
- 이상치(outlier) 유무는?
- 단봉 : 봉우리가 한 개만 생겼니?
- 쌍봉 : 봉우리가 두 개가 생겼구나…

① 막대그래프와 히스토그램의 차이는 무엇인가요?

막대그래프=각 기둥이 분리되는 막대

히스토그램=각 기둥이 연결되어서 연속적으로 나오면 히스토그램

옵션값	내용
x	데이터
freq, probability	기둥의 높이를 절대빈도 or 상대빈도
labels	기둥에 대한 설명을 넣을지 설정하거나 기둥의 값을 설정
nclass	기둥의 개수 설정
breaks	각 구간의 끝점 설정/몇 개의 구간으로 나누는가? 지정값
col, border	각 기둥의 내부 색깔 및 테두리 색깔 설정
count	각 기둥의 절대빈도
mdis	각 기둥의 중간점
density	각 기둥의 상대빈도

② 정규분포의 난수를 사용하여 히스토그램을 그려보자

```
>x <- rnorm(100)
>par(mfrow=c(1,2))
>hist(x, labels=T)
```

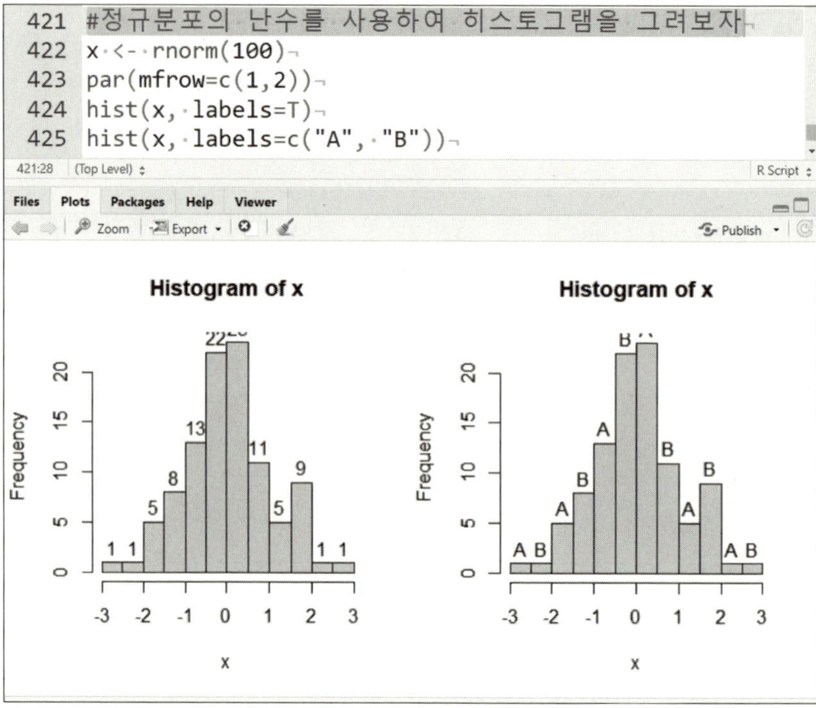

〉hist(x, labels=c("A", "B"))

왼쪽 그래프는 각 기둥에 빈도수가 인쇄되었고, 오른쪽의 그래프는 설정된 문자 A/B가 인쇄된 것을 알 수 있습니다. A와 B가 반복된 이유는 기둥의 수가 많으므로 설정된 문자가 되풀이되었습니다.

③ 기둥의 수 또는 폭이 다른 히스토그램 그리기

〉x=c(8, 2,10, 2, 2, 3, 3, 3, 4, 4, 3, 4, 5, 3,14, 5, 3, 4, 7, 9, 5, 1,10, 6, 2, 4, 6, 8, 3, 4, 13, 3, 5, 7, 7, 6, 6, 7, 3, 7, 6, 6, 8, 1, 1,12, 2, 9, 3,15)

〉par(mfrow=c(1,2))

〉hist(x)

>hist(x, nclass=3) #기둥의 수를 3으로 설정함.

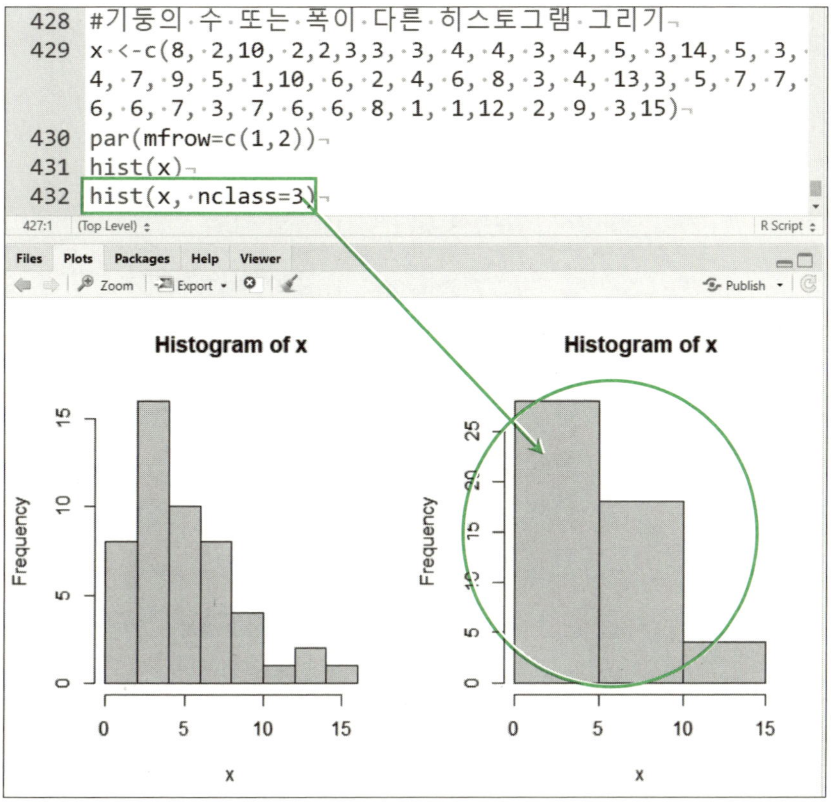

히스토그램을 작성할 때 기둥의 수를 설정할 수도 있지만 각 기둥이 만들어질 구간을 설정할 수도 있습니다. → breaks를 설정하시면 됩니다.

④ 색깔과 구간설정

par(mfrow=c(1,2)) #화면분할

x=rnorm(100) #난수+정규분포+100개

mybreaks=seq(from=−3, to=3, by=1)#구간

hist(x)

hist(x, breaks=mybreaks, col=rainbow(8), border="blue") #내장 색깔+테두리 파랑

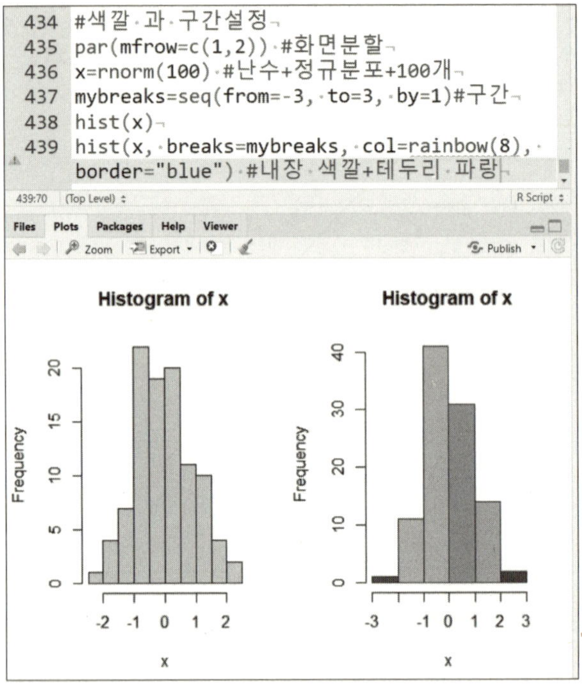

데이터의 신뢰성이나 정확성 측면에서 구간의 중복현상이나, 구간의 크기의 일치성을 꼭 지켜야 합니다. 히스토그램은 y-축이 도수로도 표현되지만 경우에 따라 상대도수, 즉 전체 도수를 전체 자료 개수로 나눈 수로 그래프를 표현할 수 있습니다.

그러나 히스토그램은 구간의 크기에 따라 모양이 결정되기 때문에 구간의 크기를 정하는 문제는 신중해야 합니다. 정보의 왜곡현상은 데이터의 구간의 크기에서 발생할 수 있습니다. 따라서 너무 작거나 너무 크게 하지 않도록 주의 바랍니다.

히스토그램의 약점은 구간의 크기를 정하는 문제입니다.

(2) 상자그림 = 이상치 파악의 기준

R에서의 상자그림은 사분위의 값을 알려주는 SUMMARY의 함수를 통하여 구하진 0%, 25%, 50%, 75%, 100%의 기본 통계량을 바탕으로 사분위수로 지정하여 상자로 표현하고, 범위를 선으로 연결한 그림입니다.

따라서 그림 밖의 자료는 이상한 값으로 판단하는 기준으로 정합니다.

중앙값, 제1사분위수, 제2사분위수, 제3사분위수와 두 극단값(최대값, 최소값)을 활용하면 데이터의 특성 파악이 용이합니다. 그럼, 실계산을 하고 구해지는 수치를 다섯 숫자 요약(5 number summary)이라고 하며, 이 다섯 숫자를 활용하여 이상치 유무를 알 수 있도록 상자그림을 활용하여 표현한 그림입니다.

기본 용어를 정리하면 다음과 같습니다. 중요한 부분이므로 체크 부탁드립니다.

- 백분위수 : 분석 데이터를 100등분하여 차지하고 있는 비율을 나타낸 것
- 사분위수 : 분석 대상 데이터를 1/4로 나눈 데이터
- 중위수 : 중앙값이라고도 불리며, 분석 대상 데이터의 50% 순위에 지정되는 값
- 제3사분위수(Q3) : 백분위로 표현된 75%의 해당하는 값
- 제1사분위수(Q1) : 백분위로 표현된 최소값에서 25%에 해당하는 값
- 사분위 범위수(IQR) : 75%의 Q3 데이터 값에서 -25%의 Q1 데이터 값을 빼준 값

상자 그래프를 활용할 때 매우 유용하게 구하고 사용되는 값으로 기본이 되는 값으로 꼭 기억해야 합니다.

따라서 상자 그래프의 이상치를 제거하는데 있어서 자료의 매우 큰 값과 매우 작은 값인 이상치를 빼고 신뢰 가능한 구간을 선정하여 제거대상의 불

필요한 데이터를 없애는 부분으로 사용됩니다.

상자그림의 표현은 다른 그래프처럼 수평과 수직으로 나타낼 수 있습니다.

각각의 변수 데이터 항목을 수치적으로 살펴보고 싶으면 수직 상자 그래프를 사용해야만 하며, 하나의 전체 데이터로 그래프를 통한 분포를 알고 싶으면 상자 그래프를 가로로 하나로 나타냅니다. 정리하면 필요한 것이 각각의 개별분포냐, 하나의 전체 분포냐의 목적에 따라서 달라질 수 있습니다.

- SUMMARY라는 함수를 통하여 5가지 요약 수치를 구합니다.
- 최소와 최대값의 선분으로 그래프를 그립니다.
- 상자의 모양에 맞게 0&, 25%, 50%, 75%, 100%의 값을 표기합니다.
- 박스의 IQR을 구한 수치를 바탕으로 1.5*IQR을 활용하여 상한선과 하한선을 표기합니다.

※ 이상치는 무엇인가요?

이상치(Outlier)는 이상한 수치. 즉 너무 큰 수치 혹은 너무 작은 수치를 말합니다. 이는 주어진 범위 내에서 수집한 데이터의 범위 중 특이하게도 많이 벗어난 값을 의미합니다.

종류는 너무 작은 이상치와 너무 큰 이상치가 있습니다.

확보된 자료 중 [1,2,3,4,5,20]이 되어 20이라는 값이 다른 데이터들과는 차이가 큰 곳에 위치하게 됩니다. 반면, [21,22,23,24,25]라는 수집된 데이터 집합에 5라는 데이터가 첨부되면, [5,21,22,23,24,25]가 되어 5라는 데이터는 다른 데이터와 비교해서 전혀 다른 위치를 나타나게 되는데, 5와 20을 수집된 집단에서 판단하기에 눈에 보일 만큼 다른 값들과 떨어져 있다고 판단이 가능하므로 둘 다 이상치로 판단 가능합니다.

① 분석 대상의 데이터를 대상으로 SUMMARY값을 확인

- 상바그래프의 25%의 제1사분위와 75% 제3사분위를 이용한 그래프를 표현하고, 50% 제2사분위에 위치한 선을 그립니다.
- 사분위수 범위(IQR, Interquartile range, Q3–Q1)로 구할 수 있습니다.
- 아래 그림의 수식을 참조하여 이상치를 찾아봅시다.
- 하한선 : Q1–1.5*IQR 체크, 상한선 : Q3+1.5*IQR 체크

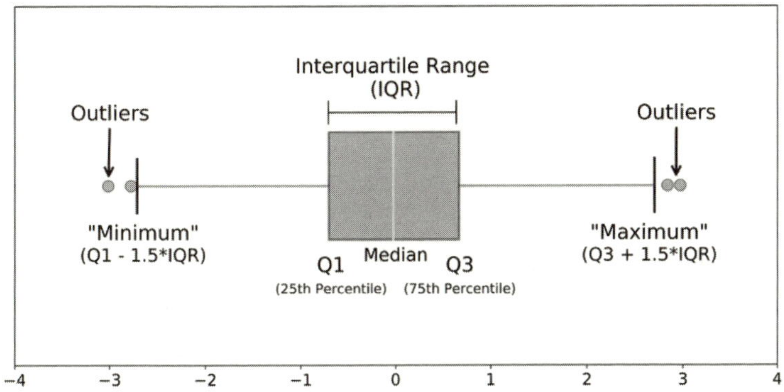

옵션값	내용
formula	y~x 형태로 사용하며, x의 값에 따른 y의 상자그림
data	formula에서 사용한 변수를 포함하는 데이터 프레임을 설정
subset	설정된 데이터 프레임값 중 일부만 추출함
range	수염의 길이를 최대한 몇 배로 지정할 것인가를 정함
horizontal	가로 상자 그래프 옵션값
border	상자의 색깔
col	상자 내부의 색깔
outline	이상치를 표시할지를 설정

```
boxplot(formula, data = NULL, ..., subset, na.action= NULL)
```

② 사용할 자료

• 자료 출처 url : "http://jupiter.hallym.ac.kr/ftpdata/data/bmi.txt"

• 자료의 내용 : 2000년, 177명에 대한 조사결과

• 키/몸무게/종교/성별/결혼 여부 데이터

• 관측항목이 없는 데이터

```
167   68  1974  No    F    N
162   49  1974  C2    F    N
158   50  1978  C2    F    N
165   56  1977  No    F    N
160   52  1959  No    F    N
162   52  1972  No    F    Y
162   50  1970  No    F    N
167   61  1967  C2    F    Y
156   44  1969  C1    F    Y
157   55  1979  No    F    N
158   54  1974  No    F    N
155   47  1980  C2    F    N
160   53  1978  C2    F    N
153   45  1976  C2    F    N
162   47  1979  No    F    N
163   54  1973  No    F    N
```

③ 데이터 불러오기

```
>kkk=read.table(url("http://jupiter.hallym.ac.kr/ftpdata/data/bmi.txt"), col.names= c("키", "몸", "출생", "종교", "성별", "결혼"))
```

이 자료에서 키에 대한 상자 그림을 세로(기본값) 및 가로로 그려봅니다. 이때 상자 내부의 색깔은 3번(Green)으로 설정하였습니다.

• 화면 분할 1*2

```
>par(mfrow=c(1,2))
```

• 테두리선과 내부 색깔 지정하기

```
>boxplot(kkk$키, border=2, col=3)
```

• 가로 상자 그래프+내부 쌕깔+테두리선 지정

```
>boxplot(kkk$키, border=2, col=3, horizontal=T)
```

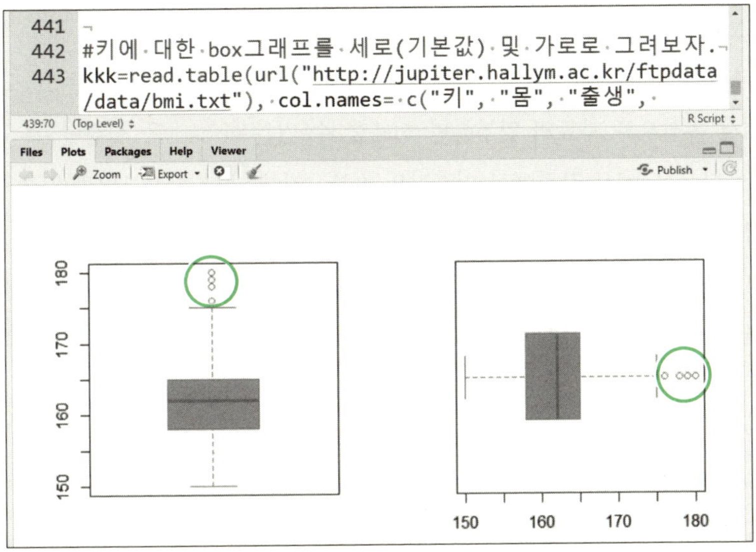

상자그림으로 자료의 분포나 5개의 분위수값 등을 알 수 있어서 하나만으로도 충분히 의미가 있지만, 그룹별 상자그림을 좌우로 그려 그룹별 분포를 비교하는데 많이 사용됩니다.

다음은 100개의 표준정규분포에서 난수 2세트를 비교한 것과 BMI 자료에서 성별에 따른 상자그림을 그려본 것입니다.

```
>par(mfrow=c(1,2))
>boxplot(rnorm(100), rnorm(100))
>boxplot(몸~ 성별, data=kkk)
```

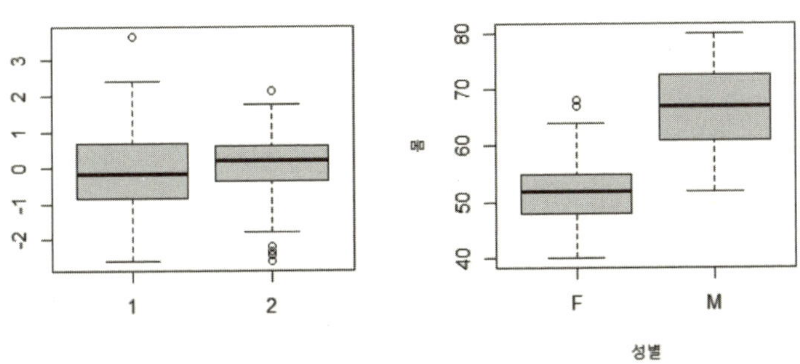

④ 원하는 데이터만 골라서 상자 그래프 그리기

(자료의 일부분만 그리기, 제목 주기) 상자그림을 포함하여 많은 R-그래픽에서 옵션으로 자료의 일부분만 선택할 수 있는 subset을 설정할 수 있습니다. 다음은 BMI 자료에서 미혼자의 성별, 키에 대한 상자그림과 기혼자의 성별 상자그림을 그려본 프로그램입니다.

〉boxplot(키~ 성별, data=kkkI, subset= 결혼=="N", main="미혼")

〉boxplot(키~ 성별, data=kkkI, subset= 결혼=="Y", main="기혼")

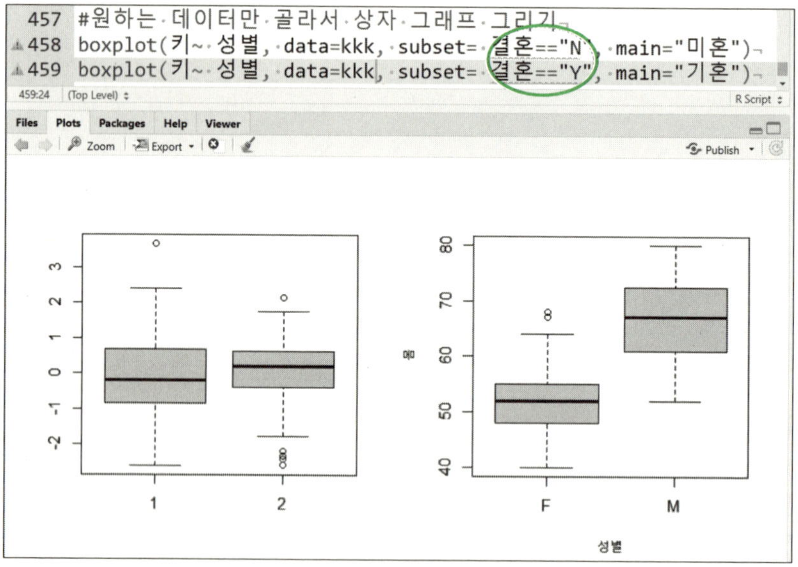

추출을 원하는 일부를 subset 함수를 사용하며, ==를 사용한 것을 주의해야 합니다.

그렇다면 이번에는 kkk의 데이터 세트에서 여자의 키-데이터를 추출하고, 180, 185를 하나의 데이터 세트에 포함시켜 새로운 w라는 데이터를 만들어 봅시다.

그런 후에, 가로상자 그래프와 range가 3배인 상자 그래프, 이상치를 나타내지 않은 가로상자 그래프를 각각 그려봅시다.

여자의 키 데이터 추출하고, 180, 185를 하나의 데이터 세트에 포함시켜 새로운 w라는 데이터

〉w = c(kkk$키[kkk$성별== 'F'], 180, 185)

• 화면분할 하기 2*2

〉par(mfrow=c(2,2))

• 가로 box 그래프

〉boxplot(w, horizontal=T)

• range가 3배인 가로 box 그래프

〉boxplot(w, range=3, horizontal=T)

• 이상치 출력하지 않는 가로 상자 그래프

〉boxplot(w, horizontal=T, outline=F)

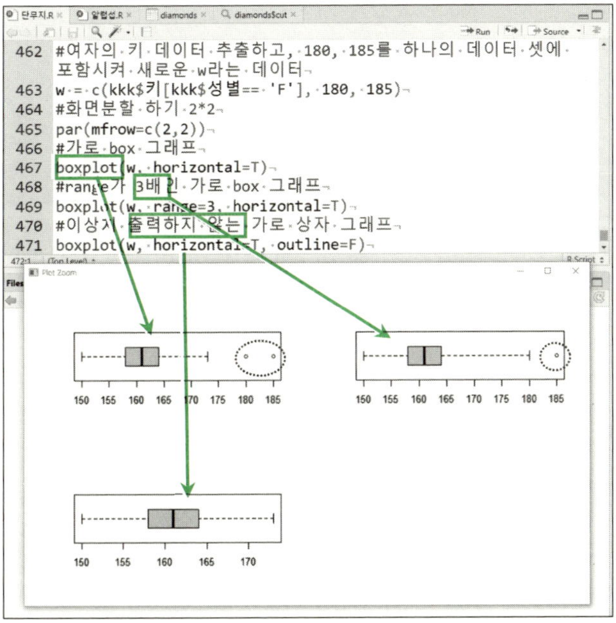

| 참고 및 인용 자료와 추천 자료 목록 |

1. Herbert A. Sturges(1926), The Choice of a Class Interval, Journal of the Quarterly Publications of the American Statistical Association.
2. American Statistical Association, Vol. 21, No. 153 (Mar., 1926), pp. 65-66.
3. EBS 지식채널e의 Numbers 1부 : 사람의 수
4. EBS 지식채널e의 Numbers 2부 : 일상의 수
5. EBS 지식채널e의 Numbers 3부 : 48분의 함정
6. R Graphics Cookbook(2013), Winston Chang, 인사이트
7. 월스트리트저널 인포그래픽 가이드(2014), Dona M.Wong, 인사이트
8. http://docs.ggplot2.org/current/
9. https://plot.ly/r/
10. http://www.endmemo.com/program/R/grep.php
11. https://ko.wikipedia.org/wiki/%EA%B8%B0%EB%B3%B8_%ED%82%A4
12. https://cran.r-project.org/web/packages/data.table/data.table.pdf
13. R을 활용한 행렬의 이해와 계산(2010), 허명회, 자유아카데미
14. RStudio 따라잡기, Mark van der Loo, 에이콘출판사(2013)
15. https://support.rstudio.com/hc/en-us/articles/200549016-Customizing-RStudio
16. http://www.lucypark.kr/blog/2012/05/31/r-console-language-configuration/
17. www.r-bloggers.com
18. stackoverflow.com

19. www.coursera.org
20. web_R
21. 통계교육원
22. 웹에서 클릭만으로 하는 R통계분석 / 문건웅 / 한나래
23. R 통계 프로그래밍 입문 / 프라반잔 나라야나차트 타따르 /에이콘출판사
24. R Cookbook / 폴 티터 / 인사이트
25. R을 이용한 누구나 하는 통계분석 / 안재형 / 한나래
26. R과 하둡을 이용한 빅데이터 분석 / 비그니쉬 플라자파티 / 에이콘출판사
27. R을 활용한 데이터 시각화 / 유충현, 홍성학 / 인사이트
28. 네이버 백과 사전 / terms.naver.com
29. Do it! 쉽게 배우는 R 데이터 분석 / 김영우 저 / 이지스퍼블리싱
30. 모두의 R 데이터 분석 / 김도연 저 / 길벗
31. R 데이터 분석 머신러닝 / 조민호 저 / 정보문화사
32. 데이터 과학을 위한 통계 : 데이터 분석에서 머신러닝까지 파이썬과 R로 살펴보는 50가지 핵심 개념 (2판) 피터 브루스 저 / 이준용 역 / 한빛미디어
33. 빅데이터 분석도구 R인 액션 Robert I. Kabacoff 저 / 신종화(정당인) 외 2명 역 / 홍릉과학출판사
34. 2010 통계마인드 / 통계교육원

| 저자소개 |

문재영

동서대학교 경영학부 경영학전공 교수로 재직 중이다. 동서대학교 경영학부 학사를 거쳐 경희대학교에서 MIS 석사 및 동대학원에서 MIS 박사학위를 받았다. 주요 연구분야는 빅데이터분석, 품질경영, 데이터베이스 등이 있다.

심흥섭

동양대학교 교양학부에 재직 중이다. 데이터사이언스가 주요 관심연구 분야이며, 연구 활용 분야로 중소기업/AgTech에 기술닥터평가위원과 기술닥터컨설팅을 주로 하고 있다.

김창현

(주)위플라이 대표이다. 한국게임산업개발원 주최 2004년 우수게임사전지원사업 대상작품인 〈오더-온라인〉을 개발. 이후 넷마블에서 〈그라센〉으로 작품명을 변경하여 출시하였다. 〈에폭온라인〉〈지그재그〉〈디바인아이즈〉〈던전워즈〉〈버스트마스터for Kakao〉 등 다수게임콘텐츠를 개발한 경력이 있다.

"R" 하기 좋은 날(제2판)

2021년 10월 20일 1판 1쇄 발행
2022년 3월 10일 2판 1쇄 발행

저 자 | 문재영 · 심흥섭 · 김창현
발행인 | 이수영
발행처 | 도서출판 청람
서울시 마포구 독막로 288(대흥동, 세양상가 109호)
전 화 | 02)3272-2601~2
팩 스 | 02)3272-2603
이메일 | crbooks@daum.net
홈페이지 | http://www.crbooks.co.kr
등 록 | 2000년 8월 26일 제6-0509호

ISBN 978-89-5972-869-5 93320 [정가 18,000원]